AF325446

MEMOIRES

SUR LA CULTURE

DU MURIER BLANC.

PREMIERE PARTIE.

AVERTISSEMENT.

LES questions que M. Thomé publia en 1763, sur la culture du Mûrier & sur l'éducation des vers à soie, ont été accueillies du public, qui en a épuisé plusieurs éditions. Cet ouvrage n'a pas eu moins de succès chez l'étranger que chez nous, & il a été traduit en plusieurs langues. L'Editeur de cette nouvelle édition, pour la rendre plus précieuse, a cru devoir ajouter tout ce qui a paru de plus intéressant sur cette matiere dans les Journaux, dans la Gazette d'agriculture & dans les autres Papiers publics, où les remarques & les expériences ont été soumises à la discussion, à la critique & à l'examen des agricoles.

On a donc, dans cette nouvelle édition, rapporté ces différents écrits, & l'on a pris la substance de ceux dont la prolixité auroit fatigué à pure perte, l'attention des Lecteurs : ainsi cet Ouvrage peut être appellé un cours sur la culture du Mûrier & sur l'éducation du Vers à soie. On prend l'un depuis le pepin jusqu'à ce qu'il soit devenu un arbre formé ; l'autre, depuis la graine jusqu'à son dernier développement, qui est la soie grege. On a donné une idée de la filature de la soie, une méthode courte, mais exacte, pour la connoître dans ses différentes qualités ; l'on a ajouté quelques préceptes pour la mettre en teinture, & l'on a fait connoître un mordant qui fait prendre à la soie, le plus solidement, la couleur qu'on veut lui donner.

C'est concourir aux travaux de ceux qui s'occupent à multiplier le produit de nos soies nationales, à varier leurs qualités suivant leurs différents emplois, & à réparer les défauts de nos filatures.

Le Cultivateur trouvera dans cet Ouvrage tous les détails de la culture des Mûriers ; il aura sous les yeux les différents procédés usités dans nos Provinces, en Piémont, en Italie même, aux Indes & dans la Chine. Il verra tout ce qui s'est écrit de mieux sur l'éducation du vers à soie, & fera lui-même ses réflexions fur les différentes méthodes que nous rapportons.

Le Fabricant y trouvera une idée générale des matieres qu'il emploie; il pourra fe rendre raifon de la caufe de la différence des qualités, des degrés de bonté qu'il trouve dans chacune des efpeces.

L'Académicien, le Phyficien enfin fe pénétrera que l'on peut varier à l'infini les procédés fur cette culture & cette éducation : mais qu'ils font délicats & qu'ils demandent des mains habiles pour les traiter.

On trouvera l'affertion de M. Dubet fur la greffe des Mûriers; c'eft aux cultivateurs attentifs & éclairés, à s'affurer, fi, comme il le prétend, les arbres greffés font de très - courte durée dans le climat tempéré de la France; fi les foies qui en proviennent font d'une qualité fort inférieure à celle du *bon fauvageon*; fi l'ufage de cette derniere feuille rendroit nos récoltes plus certaines & plus abondantes; fi c'eft un motif d'économie mal-entendu, qui ne porte que fur les frais de la cueillette, qui a fait adopter ce fyftême ; fi les arbres fauvageons, tels qu'on les exige, pouf-fent avec vigueur, vivent long-temps, foutiennent les froids les plus rigou-reux, fe coëffent très-bien, fe cueillent facilement.

Si l'on greffe en Efpagne, en Italie & Piémont, c'eft que le pays eft plus chaud, & que la qualité du climat fournit plus de fucs végétaux. Comme notre climat en donne moins, il faut le ménager, & ne pas le prodiguer au Mûrier greffé qui en fait une dépenfe plus confidérable.

Le Miniftere favorife les planta-tions des Mûriers; c'eft donc entrer dans fes vues que d'inftruire ceux qui les cultivent. Nous avons donné une idée fuccinte du tirage de la foie & de la filature, afin que chaque parti-culier qui a des cocons, puiffe le faire lui-même. Si ce fyftême pouvoit prendre, on éviteroit les frais de tranfport dans les grands établiffe-ments pour les filatures, ceux de l'entretien de ces bâtiments, & de régie ; on éviteroit auffi les déchets immenfes qui en réfultent, & la confufion qui eft prefque inféparable des grandes opérations. Dans la filature particuliere d'un cultivateur, fi fa récolte lui a donné deux quintaux de cocons, la main de fa femme, de fa fille ou de fa fervante, avec un feul tour, exécute fa filature dans l'efpace d'environ un mois, fans que fes affaires domeftiques en fouffrent. S'il prend une fileufe à gage, il la nourrit à bon prix; il examine de près fon travail, & la tient toujours en haleine fur la netteté & l'égalité de fa foie. Il fait filer fucceffivement & le plus promptement qu'il lui eft poffible, une partie de fes cocons avant que d'être étouffés, & tout le monde convient que c'eft un grand avantage. Il n'a point de cocons écrafés ni percés, il ne les déplace, avec beaucoup d'attention, que pour les déramer, les étouffer & les porter à la baffine. Il empêche facilement le dégât des infectes; il n'éprouve enfin que les déchets d'une néceffité forcée, dont il tire encore un parti honnête par le produit de la filofelle, qui lui fert avantageufement, parce qu'il la fait ramaffer avec foin, préparer avec

art, & filer avec économie. Il ne fait
point d'édifice nouveau pour sa filature; il brûle du bois, ou du charbon, à bon prix & avec ménagement ;
il attend le prix de la vente avec tranquillité, parce que la mise d'argent
pour sa filature, est de peu de conséquence.

Parcourons cette magnifique fabrique, dans laquelle on transporte des
montagnes de cocons, ramassés à des
distances considérables. J'entre dans les
magasins, j'y vois arriver des cocons,
la plupart altérés par la fermentation
inévitable, que la route leur a fait
essuyer ; une grande partie est applatie
& tachée par les chrysalides écrasées ;
beaucoup qui percent, ou sur le point
de percer. La multiplicité des détails
empêche la précision, & fait qu'on
procede toujours avec précipitation
aux étouffements ; on ne peut pas donner les attentions convenables aux
préliminaires nécessaires à cette opération, qui doivent consister dans le
triage des différentes qualités de cocons, & particuliérement de ceux qui
ont été endommagés par les inconvénients de la route.

J'entre dans la salle du tirage, j'admire toutes les commodités que l'Art & la dépense y ont rassemblées. Je vais au fait. Je prends les proportions des tours, & je les trouve presque toutes fausses & fort éloignées des grands principes rendus publics ; j'examine les cocons des bassines, j'y vois l'assemblage de toutes les qualités, à l'exception de la majeure partie des doubles, dont la forme a sauté aux yeux, & qu'on a enlevés. J'observe les tireuses, & je n'en vois pas une qui donne le nombre des croisures que la soie peut supporter, qui purge exactement ses cocons, qui s'assujettisse à l'égalité du brin, & à toutes les précisions de main-d'œuvre, si familieres aux Piémontois, & févérement observées par des surveillants établis dans les atteliers. Ces commis font gens experts, & titrés de lettres de maîtrise dans l'art de filer les soies ; ils ont toujours l'œil fixé fur les fileuses, & ne font chargés chacun que de la conduite d'un petit nombre de tours.

En France nous nous contentons, pour l'ordinaire, d'avoir dans nos salles de tirage, une espece d'*Argus*, qui se repose souvent, perché communément dans une place qui domine les tours, d'où il observe seulement l'emploi du temps, & la fidélité des ouvrieres, mais non leur exactitude dans le tirage. J'examine ensuite les soies, je les trouve pleines de défectuosités ; cela n'est pas étonnant, mais cela est douloureux pour la Nation, & avantageux pour l'Étranger.

Je fais ensuite le calcul des dépenses de l'entretien des bâtiments, des machines, des frais de commission pour l'achat des cocons, des appointements des commis pour l'intérieur, des pertes réelles sur les cocons écrasés, mal étouffés, &c., & des non-valeurs de mille petits objets. Je compare les produits & les frais de la filature du cultivateur, & je vois qu'il y a au moins 20 pour 100 d'excédent de dépense pour la filature en grand, & au moins 10 pour 100 de perte pour l'État sur la matiere premiere.

Le résultat de mon calcul & de mon examen sur la qualité de ces dernieres soies, ne prouve-t-il pas que cette branche d'induſtrie ne peut être pouſſée & ſe maintenir dans ſon point de perfection, qu'en la ſubdiviſant beaucoup, & en répandant dans le peuple toutes les connoiſſances de l'Art, & les bonnes machines d'exécution. L'émulation ſeule fera tout l'ouvrage en très-peu de temps & avec une économie & une préciſion, qui nous aſſureront la concurrence.

Outre le peu de progrès que nous avons fait dans l'art de filer la ſoie depuis ces établiſſements ſomptueux, il eſt réſulté un mal, qui attaque par le principe le commerce de nos fabriques. Les manufactures royales ſont immenſes, il faut des quantités conſidérables de matiere pour les alimenter, il eſt même de l'honneur dés Entrepreneurs de travailler, duſſentils ſe ruiner, & implorer de nouveau la libéralité du Miniſtere, auquel on a toujours ſoin de cacher les vices de l'opération ; les commiſſionnaires vont frapper à toutes les portes, on arrhe & on achete les cocons à haut prix, pour écarter les Filateurs du ſecond ordre, & on s'attribue inſenſiblement, tout

au moins le droit exclusif de la préférence.

La majeure partie des cultivateurs
se borne à vendre les cocons ; l'art
de la filature s'échappe des mains, qui
lui paroissent destinées, & se trouve
concentré sous un seul toit. Les habiles fileuses, s'il en existe, ne sortent
point de ce cercle étroit de l'industrie ; il ne s'en forme point de nouvelles, parce que personne ne se présente pour en instruire, & l'émulation disparoît de toute part ; enfin, la
filature en grand s'exécute avec ces
négligences que j'ai observées ; elle
supporte les frais & les déchets inséparables de ces opérations tumultueu-
ses. Le temps de la vente arrive,
l'Etranger qui nous calcule de loin,
attend les prix que nous serons obligés
de mettre sur nos soies, qui doit être
relatif aux dépenses qu'elles ont sup-
portées & il nous vend les siennes sur
le même pied que nous avons fixé les
nôtres ; l'Etranger fabrique chez lui
à plus bas prix, & nous ferme par conséquent la porte de l'exportation. La
consommation de nos fabriques se

trouve réduite à l'intérieur, à l'exception de quelques riches étoffes que nous ne fabriquons pas avec les soies nationales, & qui n'ont qu'une valeur arbitraire, que nous devons au génie de nos Dessinateurs, & à l'habileté de nos ouvriers ; c'est ce que la vérité nous accorde, & que le préjugé soutient, fort heureusement pour nous.

Il paroît difficile de concilier le progrès visible & démontré de nos plantations avec le haut prix de nos soies ; on s'imagine d'en trouver la cause dans l'augmentation de nos consommations ; point du tout. C'est dans la façon dont nous nous conduisons , & dans les prix forcés que nous établissons, qui servent de boussole à l'Etranger. L'année 1769 peut servir d'époque mémorable ; les cocons de nos récoltes rendoient 20 pour 100 de moins que l'année précédente ; cependant la rivalité de nos filateurs titrés, a soutenu dans les achats de la mauvaise année, les mêmes prix de la bonne année ; ils ont même augmenté dans une partie du *Dauphiné* ; & à la même époque, les cocons se vendoient en Piémont ,

& dans toute l'*Italie* 30 à 40 pour 100 de moins qu'en *France*. N'est-ce pas travailler à contre-sens, & donner à l'Etranger les avantages que nous devons nous procurer, à quel prix que ce soit.

Tel est l'objet de notre travail ; puisse-t-il être aussi utile à notre patrie que nous le souhaitons. L'intérêt pour le bien public nous a fait réunir les différents écrits qui ont paru sur une culture si intéressante pour la ville de Lyon : le même zele nous fait desirer qu'on profite de notre ouvrage pour en donner un meilleur.

Vinci mihi magna voluptas.

MEMOIRES

AVERTISSEMENT.

LEs *Observations qu'on présente au Public n'avoient d'abord été destinées que pour l'instruction particuliere de quelques Jardiniers ; mais la Culture du Mûrier devenant chaque jour plus intéressante pour cette Province, on a pensé que cet Ouvrage seroit utile à ceux qui possèdent des terreins convenables pour ces sortes de Plantations.*

LE Mûrier, dont les feuilles sont propres à la nourriture des Vers à soie, est connu sous la dénomination générale de Mûrier Blanc, qui en comprend plusieurs especes ; elles demandent toutes à être greffées de l'espece du Mûrier Rose ou d'Italie.

AVERTISSEMENT.

Les méthodes que l'on indique sont d'autant plus assurées, qu'elles sont le fruit de l'expérience. On s'est attaché sur-tout à donner ces Instructions avec la plus grande clarté, leur principal objet étant d'instruire les Gens de la Campagne, afin qu'ils puissent connoître toutes les pratiques de cette Culture.

LETTRE

DE M. THOMÉ,

De la Société Royale d'Agriculture de Lyon,
*à M. ***.*

A Lyon le 15 Février 1763.

VOus exigez, Monsieur, que je vous fasse part des observations que j'ai faites pendant une longue suite d'années sur la Culture des Mûriers ; que je vous développe les pratiques que j'ai employées pour conduire ces Arbres à leur perfection ; que je vous en fasse connoître les différentes especes : vous voulez, en un mot, par les diverses questions que vous me proposez, que je donne l'Histoire Naturelle d'un Arbre dont on peut tirer les plus grands avantages : Mon amour pour le bien public & mes sentiments à votre égard, vous étoient des garants assurés que je ne perdrois pas un instant à vous communiquer ce que mes expériences m'ont appris sur cette matiere ; trop heureux si mon zele peut être de quelque utilité.

Les Mûriers font connus depuis long-temps dans cette Province , mais la mauvaise Culture qu'ils recevoient les rendoit étrangers parmi nous , & c'est depuis peu d'années que l'on est persuadé qu'on peut avec succès cultiver cet Arbre. Ce qui en a arrêté les progrès, c'est (comme je l'ai dit ailleurs,) qu'outre la mauvaise Culture , l'on n'y connoissoit pas la meilleure espece ; l'on ne s'étoit attaché qu'au Mûrier Sauvageon & à quelques Mûriers à la grande Feuille : le premier se coëffe mal , sa feuille est dentelée , petite , peu nourrissante, difficile & dispendieuse à ramasser : la feuille du second est trop dure , & les Vers à soie la rebutent ; en sorte que l'on n'avoit que des Arbres d'une mauvaise forme qui donnoient peu de revenus, ou d'autres dont la feuille ne convenoit pas à la nourriture des Vers.

Après avoir étudié la nature des Terreins dans le Lyonnois , & avoir reconnu que les Mûriers y croîtroient avec succès , je résolus de tirer ces Arbres de l'espece d'avilissement dans lequel ils étoient parmi nous , & de leur faire donner la place distinguée qu'ils méritoient. Vous savez, Monsieur, tout ce que je fis pour remplir cet objet, les soins, les dépenses & les peines ne furent pas épargnées ; je fis des expériences, le succès les couronna ; je les réiterai , & l'exacte connoissance de la vérité en fut le prix. Cette Culture se répandit bientôt de proche en proche, elle nous apprit que les Mûriers pouvoient nous procurer des avantages inestimables ; mais que ces Arbres

vouloient être choifis dans les meilleures efpeces, fans cependant donner l'entiere exclufion
à toutes ; qu'ils ne vouloient pas être abandon-
nés au hazard ; qu'ils exigeoient une Culture,
mais qu'il la falloit entiere & analogue à leur
conftitution.

La vérité effuie quelquefois des contradictions, mais tôt ou tard elle nous force à lui
rendre hommage. Les Mûriers ont commencé
d'avoir parmi nous une place honorable, en
attendant qu'on leur affigne dans nos Terrains
du Lyonnois le premier rang ; chaque jour voit
former de nouvelles plantations ; elles feront
dans peu d'années pour les Propriétaires une
fource intariffable de richeffes, & prouveront
que notre âge n'a pas été autant livré à la
futilité que de certains Déclamateurs voudroient
le faire croire.

Trop éclairé pour ne pas m'appercevoir qu'il
faut avoir une connoiffance de la Culture des
Mûriers, pour me faire les diverfes Queftions
que vous daignez me propofer ; mais trop fûr
que votre modeftie ne vous permettra jamais
d'en convenir, il faut que j'abandonne tout
amour-propre pour n'écouter que les fenti-
ments qui m'attachent à vous. Je vais donc
reprendre chacune de vos Queftions, y répondre par ordre, & mettre fous vos yeux tout
ce que l'étude & l'expérience m'ont appris fur
cet objet.

PREMIERE QUESTION.

De quel Mûrier prenez vous le fruit pour en avoir les Pepins ?

Toutes les especes du Mûrier Blanc sont convenables ; mais l'on conseille cependant de donner la préférence à celle du Mûrier greffé de la feuille d'Italie, appellé *Mûrier Rose*, la seve en est plus parfaite, le fruit plus beau & contient plus de Pepins. Il ne faut prendre le fruit que sur les Arbres qui n'auront pas été défeuillés dans l'année ; car quoique la cueillette des feuilles ne fasse point de tort aux Arbres, elle diminue la quantité de la seve, & la graine en est moins vigoureuse ; d'ailleurs l'on trouveroit peu de fruit sur ces Mûriers, parce qu'il est difficile de le conserver en les défeuillant.

II. QUESTION.

De quelle maniere préparez-vous le Pepin ?

L'on doit attendre que le fruit tombe des Arbres par sa maturité, alors on ramasse ce qui en est tombé : l'on peut dans le même temps secouer légerement l'Arbre, afin de s'en procurer davantage. Ce fruit ainsi recueilli, on doit le garder pendant environ vingt-quatre heures, en le tenant à l'air sur le plancher d'une chambre où il acheve de se mûrir, ayant l'at-

tention de le remuer, pour qu'il ne s'échauffe
pas ; après ce temps on met les Mûres dans un
baquet, on les y écrase avec les mains en y
versant de l'eau à mesure, pour séparer la
graine d'avec le moût : on laisse quelques moments reposer cette eau sur laquelle tout ce
qui est étranger à la graine, surnagera, & l'on
aura soin de le jeter dehors ; on continuera
ainsi à mettre de l'eau dans le baquet & à l'en
faire sortir en inclinant ce vase jusqu'à ce que
la graine soit nette ; après quoi, en le rem-
plissant d'une nouvelle eau bien claire, le
choix de la meilleure Graine se fera, car la
bonne, qui est plus pesante, se rendra toujours
dans le fond du vaisseau, & on jettera comme
inutiles toutes celles qui surnageront : l'on retirera ensuite cette bonne Graine du baquet
pour l'étendre sur un linge & la faire sécher.
Quand elle sera bien seche, on la nettoiera &
on la gardera dans un endroit sec pour s'en
servir dans la saison. Cette Graine ne se conserve qu'une année pour être propre à être
semée.

III. QUESTION.

*En quel temps faut-il semer le Pepin pour
former un Semis ?*

Cette Graine peut se semer aussi-tôt qu'elle
a été recueillie, c'est-à-dire, vers le mois de
Juillet ; mais cette saison de l'Eté est la plus dangereuse, parce que non seulement alors on a à

la garantir des ardeurs du foleil , mais les Plantes ne pouvant dans le cours de l'Eté acquérir affez de force , l'on doit craindre qu'elles ne périffent dans les froids de l'Hiver fuivant. L'on doit donc préférer de femer cette Graine dans le mois d'Avril. Elle leve avec plus de facilité dans le Printemps , il eft aifé de la garantir des petites gelées de cette faifon avec des claies de paille ; les Plantes fe fortifient affez dans le refte de l'année pour réfifter au froid de l'Hiver. Au furplus l'on doit auffi fe régler par l'expérience que l'on a fur les faifons relativement au climat du Pays.

IV. QUESTION.

Quelle préparation donnez-vous à la terre pour votre Semis ?

Il faut choifir dans un Jardin potager l'endroit où la terre foit la plus franche & la meilleure , qui fe trouve à l'abri des vents du Nord & autres vents froids. Ce choix fait , & avant l'Hiver qui précédera , il faudra défoncer ce terrein à la beche à un pied & demi , en plaçant dans le milieu de cette terre remuée un fumier vieux bien confommé. A la fin de l'Hiver il faudra donner un autre labour , à la beche , & couvrir le terrein avec quelque fumier fec.

V. QUESTION.

Comment formez-vous les Planches de votre Semis ?

Les Planches ne doivent pas avoir au-delà de quarante-huit à cinquante pouces en largeur, afin qu'on puisse, sans mettre le pied dedans, les arroser & arracher les herbes. Si par leur position on pouvoit amener des eaux sur ce terrein pour y couler naturellement, il conviendroit alors de ne former ces Planches que d'un pied en largeur, en laissant un espace de terrein vuide de l'une à l'autre, sur lequel passeroit l'eau : cette forme est la plus avantageuse pour les arrosements, mais elle est subordonnée à la situation des lieux.

VI. QUESTION.

Quelle quantité semez-vous à peu-près dans une planche de quatre pieds de large sur vingt pieds de long?

La Graine de Mûrier ne craint point d'être semée abondamment, parce que lorsqu'elle est levée, si l'on apperçoit en avoir trop employé, on éclaircit les Plantes en arrachant les moins belles : Cependant l'on estime que sur une planche de la grandeur désignée cinq à six onces de Graine suffiront.

VII. QUESTION.

Lorsque la Graine a poussé, sarclez-vous le Semis, & faut-il l'arroser ?

Il est très-essentiel de sarcler le Semis des herbes aussi-tôt que la Graine de Mûrier aura poussé assez haut pour ne pas craindre d'enlever avec les herbes les jeunes Plantes ; cette opération doit être répétée toutes les fois que l'on apperçoit ces herbes, parce que si on les y laissoit, elles étoufferoient les Mûriers. Il n'est pas moins indispensable d'arroser le Semis & de répéter souvent les arrosements ; mais il faut avoir l'attention, jusqu'à ce que la Graine soit levée, de couvrir les planches, avant de les arroser, de quelques pailles, pour empêcher que l'eau qui sortira des arrosoirs n'affaisse la terre & ne forme sur la superficie une espece de croûte, qui étant durcie par le soleil, seroit un obstacle que les jeunes Plantes auroient à vaincre pour lever, & sous laquelle il arriveroit même que les germes périroient. Les arrosements veulent être répétés chaque jour dans les chaleurs, & le matin quelque temps avant que le soleil ait frappé sur le Semis.

VIII. QUESTION.

Combien de temps laissez-vous les jeunes Plants dans le Semis ?

Si la Graine a bien levé dans le Semis, si les jeunes Plantes n'ont point souffert des gelées du Printemps , qu'elles aient été arrosées dans les chaleurs , qu'on ait eu le soin d'arracher les mauvaises herbes , enfin , que le terrein du Semis ait été bon & engraissé par des fumiers , comme nous l'avons dit , les Plantes qu'on appelle *Pourrettes* seront en état d'être levées du Semis l'année suivante dans la fin de Février. L'on ne sauroit à cet égard donner trop d'attention pour se procurer un pareil succès , non seulement parce qu'on jouira plutôt de ces Plantes , mais encore parce qu'étant destinées à être transplantées , la plus grande partie périroit dans la Pépiniere , si on les avoit laissées languir dans le Semis pendant plusieurs années. Cependant si l'on a été contrarié par les saisons & par la négligence ou l'ignorance d'un Jardinier , & que ces Plantes n'aient point pris assez de force dans la premiere année , il faudra les y laisser une année de plus ; mais dès le mois d'Avril suivant , l'on aura soin de couper tous leurs jets à fleur de terre ; cette opération se fait avec de gros ciseaux ou forces , tels que ceux dont on se sert pour tondre la Charmille : l'on est assuré par ce moyen d'avoir de belles Plantes à la fin de l'année.

IX. QUESTION.

Quelle force en grosseur & en longueur doit avoir la Pourrette pour la sortir du Semis?

La Pourrette ou les jeunes plants de Mûriers seront très-forts lorsqu'ils auront à-peu-

près la grosseur d'un tuyau de plume , c'est-
à-dire , cinq à six lignes de circonférence en
prenant cette mesure dans le bas de la plante
& à un pouce hors de terre. Quant à la hauteur , elle est indifférente , & se trouvera toujours d'environ deux à trois pieds , si la grosseur
est telle que nous l'avons dit. Dans cet état ,
il convient de sortir ces Plantes du Semis en
ménageant leurs racines.

X. QUESTION.

Dans quel temps portez-vous la Pourrette
du Semis dans la Pépiniere ?

Le temps le plus convenable est la fin de
Février ou le commencement de Mars , &
aussi-tôt qu'on pense n'avoir plus à craindre
de fortes & longues gelées.

XI. QUESTION.

Faut-il un temps sec ou humide ?

La terre est plutôt humide que seche à la
fin de Février & au commencement de Mars ;
cet état est celui qui convient le mieux à la
reprise des Plantes de Mûriers.

XII. QUESTION.

Quelle préparation donnez vous au terrein
de la Pépiniere avant d'y planter la
Pourrette ?

Le terrein veut être défoncé à un pied &

demi ; la nature de la terre doit être plutôt légere que forte , & sur-tout moins bonne que celle qu'on deſtinera aux Mûriers plantés à demeure.

XIII. QUESTION.

A quelle diſtance plantez-vous les jeunes Plants dans la Pépiniere , & de quelle profondeur faites-vous les trous ou foſſes ?

Nous avons dit qu'il étoit eſſentiel de ſortir les jeunes Plantes du Semis dans la premiere année du temps où le Semis aura été formé , & par les ſoins que nous avons preſcrits , l'on a fait connoître combien il étoit important de donner à ces jeunes Plantes un accroiſſement prompt. Cette méthode doit être également obſervée pour la Pépiniere ; mais comme il ne ſeroit pas poſſible dans une grande étendue de terrein de multiplier les ſoins qu'avec beaucoup de dépenſe , il convient d'y ſuppléer d'abord en mettant chaque Plante fort à ſon aiſe , & éloignées les unes des autres de deux pieds neuf pouces à trois pieds en tout ſens : par cet arrangement chaque Plante trouvera une nourriture abondante , ſans en priver ſa voiſine. Quant à la profondeur des trous pour placer la Pourrette , le terrein ayant été défoncé à un pied & demi , on ne fera des trous qu'avec la cheville de fer , comme pour planter la vigne : à cet effet on tendra un cordeau , & avec une pioche on tracera des lignes

diſtantes les unes des autres de deux pieds neuf
pouces, ou trois pieds dans toute la longueur
du Champ : on ſe ſervira du même cordeau
pour tracer des lignes ſemblables & à même
diſtance dans la largeur, ce qui formera ſur le
terrein la figure d'un échiquier, à chaque an-
gle duquel un homme avec la cheville de fer
ouvrira un trou d'environ deux pieds de profondeur, dans lequel un ſecond homme mettra
la Pourrette ; un troiſieme enchaſſera cette Plante, & la fixera dans ce trou en y faiſant tomber au fond quelques terres qu'il y preſſera
avec un bâton, de maniere que les racines de
la Plante en ſoient ouvertes, ſans que ce trou
ſoit entiérement comblé, afin que l'eau des
pluies puiſſe y pénétrer. On obſervera qu'en
plantant la Pourrette il faut couper le bout
des groſſes racines juſqu'au niveau de celles
qui ne forment qu'une eſpece de barbe, &
couper le jet à deux à trois pouces de terre.

XIV. QUESTION.

Quelle Culture donnez-vous à la Plante dans la Pépiniere ?

Les fréquentes Cultures données à la terre
ſont le meilleur amendement qu'on puiſſe procurer aux Plantes, c'eſt le ſeul qui convienne
aux Pépinieres de Mûriers ; les Arbres que l'on
y veut élever ſont deſtinés en général à ſubſiſter dans de mauvais terreins, leur éducation
ne doit donc point être trop délicate ; l'on veut
dire,

dire, qu'il ne faut pas suppléer par des engrais aux labourages, qui doivent être leur seule & unique nourriture, autrement il y auroit à craindre que ces Arbres sortant d'une terre où ils auroient été trop caressés, ne s'accoutumassent point aux différents terreins qu'on leur destine : mais en refusant à ces jeunes Plantes un terrein fertile & la ressource de tout engrais, il convient de ne leur point ménager les labours ; l'on en indiquera quatre principaux, le premier dès la fin de Mars, ou au commencement d'Avril, le second au milieu de Mai, le troisieme en Août, & le quatrieme à la fin d'Octobre ; ces labours doivent être faits à la beche ou au trident si la terre est pierreuse ou caillouteuse. Ces quatre labours sont de rigueur, c'est en dire assez pour faire entendre que l'on fera très-bien de ne point s'y borner si les saisons le permettent. Il ne faut pas fixer à ces fréquentes Cultures les soins que ces Plantes demandent ; l'on aura encore attention dans l'Automne de la même année où la Pépiniere aura été formée, de ne laisser à chaque sujet qu'un seul jet, en choisissant le plus fort, & l'on coupera sur cette même tige toutes les petites branches qui auront poussé depuis le bas jusqu'à neuf ou dix pouces. Cette derniere opération pourroit se faire au temps où l'on greffera ; mais on conseille de ne pas la renvoyer, parce qu'indépendamment de ce que ce travail se trouvera fait alors, il en résultera l'avantage de ne pas faire à la fois plusieurs incisions à la Plante, par lesquelles il se fait

toujours une déperdition de feve qu'il eft avantageux de conferver pour la nourriture de la
Greffe , lorfqu'on la placera.

XV. QUESTION.

*Combien de temps laiffez-vous la Plante
fans l'enter ?*

Ce temps fera plus fubordonné aux foins
que l'on prendra des Plantes dans la Pépiniere,
qu'aux événements des faifons. Avec une bonne Culture , la Pourrette doit être en état d'ê-
tre entée une année après qu'elle aura été
plantée dans la Pépiniere ; mais l'on ne fauroit fe tromper fur cet article , parce que la
feule groffeur de la Plante doit en décider.
Il faut pour cet effet qu'elle foit affez forte
pour recevoir dans fon écorce l'œil ou le bouton que l'on aura pris fur un Mûrier greffé ;
enfin , pour fe fixer , l'on dira que la Plante
aura affez de groffeur fi elle a fept à huit lignes de circonférence dans le bas & un pouce
hors de terre.

XVI. QUESTION.

Il est, je crois, décidé que de quelque Arbre que provienne le fruit Pepin & Pourrette, la plante venue de Pepin est toujours sauvageonne ; je ne demande donc pas s'il est quelque espece de Pourrette qui n'ait pas besoin d'être entée pour en faire un bon Arbre.

Il est bien certain que de quelque espece de Mûriers Greffés ou Sauvageons dont la Graine sera provenue, elle ne produira qu'un Sauvageon qui demandera d'être enté, cependant il n'est point indifférent de négliger le choix de la Graine. L'on doit, ainsi que nous l'avons dit en répondant à la premiere Question, s'assurer de celle du Mûrier Rose ou d'Italie : la seve de la Plante qui en naîtra, se trouvant analogue avec celle de l'Arbre où l'on prendra la Greffe, il est à présumer que l'ente réussira mieux ; que l'Arbre en viendra plus beau, & que la Feuille en sera plus parfaite pour la nourriture des Vers. D'ailleurs si l'on veut élever du Sauvageon, celui qui naîtra d'une Graine prise d'un Mûrier d'Italie aura une Feuille plus belle & d'une meilleure qualité qu'un autre dont l'origine est entiérement sauvage.

XVII. QUESTION.

En quel temps faut-il enter l'Arbriſſeau dans la Pépiniere ?

La ſaiſon d'enter la Pourrette dans la Pépiniere eſt le Printemps, & auſſi-tôt qu'on
peut ſe procurer les premieres Greffes : on peut
auſſi enter au commencement de Juillet, ou
au plus tard dans les premiers jours d'Août,
en choiſiſſant un temps ſec & chaud. De ces
deux ſaiſons, du Printemps ou de l'Eté, pour
enter l'on conſeille de choiſir celle du Printemps, premiérement parce que ſi la Greffe
venoit à manquer, l'on auroit la reſſource d'en
placer une autre dans le mois de Juillet ; autrement préférant le temps de l'Eté pour cette
opération, & ſuppoſant également un mauvais
ſuccès, vous êtes obligé de perdre une année.
Secondement, en greffant au mois d'Avril, ſi
l'année eſt favorable, votre Greffe donnera un
jet de plus de ſix pieds ; au lieu qu'en ne plaçant les Greffes qu'en Eté, leur pouſſée ne peut
être dans l'année que de vingt-quatre à trente
pouces, qui n'étant pas la hauteur néceſſaire
à l'Arbre, vous oblige à couper ce jet au Printemps ſuivant, afin d'en obtenir un autre dans
cette ſeconde année de la hauteur que vous
deſirez, ce qui eſt aſſez ordinaire dès la premiere, en greffant au mois d'Avril ; ainſi, en
profitant du Printemps, vous pouvez vous procurer des Arbres une ou deux années plutôt

que fi vous retardiez jufqu'à l'Eté. L'on doit cependant obferver que le temps le plus con- traire à la réuffite des Greffes eft celui des pluies, en forte que dans un Printemps pluvieux il peut en manquer beaucoup : mais n'a-t-on pas le même inconvénient à craindre dans les Etés ? Il faut confulter un peu dans l'une & l'autre fai- fon le climat des Pays & le temps préfent avant de commencer à greffer. Au furplus , les pluies ne font abfolument contraires qu'autant qu'el- les font de durée , trop abondantes , & qu'elles furviennent dans les quinze premiers jours après les Greffes placées , parce qu'elles les délavent & les empêchent de fe coller au fujet.

XVIII. QUESTION.

Eft-il plufieurs méthodes d'enter ? quelle eft la meilleure ?

La Greffe fe pratique de plufieurs façons différentes , & le Mûrier en eft fufceptible ; cependant de toutes les façons de Greffes , celle à l'Ecuffon fe pratique le plus ordinai- rement fur cet Arbre , elle eft la plus facile à mettre en ufage & celle qui réuffit le mieux.

XIX. QUESTION.

De quel Arbre faut-il prendre l'œil pour enter, c'est-à-dire, quelle est la meilleure espece de Mûrier pour la nourriture des Vers à soie?

Les plantations de Mûriers ont pour objet la nourriture des Vers à soie; & quoique cet Insecte précieux se nourrisse de toutes especes de feuilles de Mûriers, cependant il en est qu'il préfere, & qu'il convient de lui donner suivant ses différents âges. Nous renvoyons pour ces détails à l'Instruction sur la maniere d'élever les Vers à soie, & nous nous bornerons à faire connoître ici la meilleure espece de Mûriers pour les Vers, pour la qualité de la soie, ou pour le plus grand avantage des Propriétaires & des Nourriciers. Cette espece est celle du Mûrier Rose ou d'Italie, la même avec laquelle on éleve les Vers à soie en Piémont. C'est à la connoissance de cet Arbre que les Provinces de Languedoc, Vivarais, Provence & haut Dauphiné sont redevables de la quantité de soie qu'elles recueillent aujourd'hui, tandis que notre Province du Lyonnois, attachée depuis cinquante à soixante années à ne cultiver encore que le Mûrier Sauvageon, connoît à peine ce produit.

Le Mûrier Rose ou d'Italie est non seulement le plus convenable à la nourriture des Vers à soie, mais il est encore celui qui la fournit avec le plus d'abondance. Nous avons comparé la

dépouille de ses feuilles à l'âge de huit ans contre un Sauvageon de même âge, planté dans
le même Champ ; le premier nous a donné cinquante livres de feuilles, le second n'en a pas
eu dix livres ; la dépouille du premier a été faite
en moins de trente minutes, & celle du second
a occupé le Cueilleur une matinée entiere ; enfin, la feuille du premier a été louée trente sols,
celle du second cinq. Voilà des avantages bien
considérables, qui n'en seront pas moins com-
battus par le Préjugé, enfant de l'ignorance.

XX. QUESTION.

Laissez-vous subsister la Plante en entier
lorsque vous placez la Greffe, & com-
ment la conduisez-vous ?

La Plante, ou le sujet sur lequel on se propose de placer la Greffe, aura deux à trois pieds
de hauteur, elle formera un petit buisson, l'ente
sera placée à cinq à six pouces hors de terre.
Vous ne laisserez subsister la Plante qu'à la hauteur d'un pied & demi avec une partie des branches qui y tiendront, c'est-à-dire, à environ
un pied au dessus de l'endroit où vous aurez posé
la Greffe, afin que la seve se partageant encore
entre le Sauvageon & la Greffe, elle ne se porte
pas avec trop d'abondance à cette derniere, ce
qui la noieroit & la feroit pourrir. Quinze
jours ou trois semaines après, vous réduirez ce
pied de tige à six pouces seulement, en suppri-
mant toutes les branches sauvageonnes ; &

lorfque vos Greffes s'éleveront à un demi-pied,
vous les lierez foiblement avec quelques écor-
ces à ce refté de tige, qui leur fervira de tuteur
pour les faire poufter droit. Huit jours que du-
rera ce lien feront fuffifants pour leur donner
le pli ; alors ce refte du Sauvageon devenant
inutile, vous le couperez entiérement, fans
offenfer ni ébranler la Greffe dont vous couperez la ligature.

XXI. QUESTION.

*Lorfque l'ente n'a pas pouffé un jet affez
 haut pour former la tige de l'Arbre dans
 la premiere faifon, de quelle maniere
 faut il fe procurer le fecond jet ?*

En répondant à la dix - feptieme Queftion,
nous avons dit qu'en greffant au mois d'Avril,
l'on devoit efpérer d'avoir dans la même année
un jet affez haut pour former l'Arbre ; ce que
l'on ne doit pas attendre fi l'on greffe en Eté,
dans ce dernier cas la Greffe n'ayant pas affez
du refte de l'année pour poufter à cinq à fix
pieds de hauteur. Cependant on ne doit point
diffimuler que, contrariées par les faifons, il arrive quelquefois que les Greffes du Printemps
n'acquierent pas la hauteur ordinaire : ainfi l'on
doit donc fe conduire à leur égard comme
pour les Greffes placées au mois de Juillet, c'eft-
à-dire, qu'il faut au mois d'Avril fuivant couper tous les jets à un pouce au deffus de l'ente,

d'où il sortira plusieurs boutons que vous laisserez pousser pendant huit à dix jours, & sur lesquels vous choisirez celui qui vous paroîtra le plus vigoureux & que vous verrez pousser le plus droit : après ce choix, vous détruirez tous les autres, & redoublant les Cultures dans la Pépiniere, vous obtiendrez dans la même année la hauteur convenable au Mûrier.

Si cependant on veut se contenter d'une tige qui ne soit pas réguliérement droite, alors, au lieu de couper le jet de l'année précédente à un pouce au dessus de l'ente, vous pouvez ne retrancher que le haut de la Plante que vous verrez foible, & couper précisément au dessus d'un œil ou bouton qui se présentera, le plus propre à s'élever, sans s'éloigner trop de la ligne droite de la tige. L'on conçoit que ce bouton se trouvant sur le côté de cette tige, formera en s'élevant un coude ; cependant la tige pour n'être pas aussi belle, n'en rendra peut-être pas l'Arbre moins bon. Il est peu de Jardiniers qui ne se contentent de cette méthode, l'on doit même dire que ce coude s'efface dans la suite lorsque la Plante grossit.

Au surplus, nous observerons qu'en général nous n'avons jamais voulu nous contenter de ces tiges recourbées ; nous pensons que la seve se porte avec plus de facilité & de force à la tête de l'Arbre lorsqu'elle n'est pas détournée dans sa circulation par ce coude ; d'ailleurs l'on doit toujours avoir de regret de se priver de la beauté d'une Plante, lorsqu'il a dépendu de soi de se la procurer. Enfin, nous n'avons point eu à nous repentir des scrupules que nous nous sommes faits à cet égard, & peut-être aurions-nous à nous flatter que c'est à cette délicatesse de conduite que nous devons l'heureuse réussite de seize mille pieds de Mûriers sortis de nos Pépinieres.

XXII. QUESTION.

Quelle élévation jugez-vous à propos de donner à la tête de cet Arbre, & quelle en est la raison ?

Le Mûrier ne demanderoit pas à être élevé de tige à plus de quatre pieds & demi, sa tête seroit plus belle, il se coëfferoit mieux, seroit moins battu par les vents, plus facile à entretenir par la taille ; la cuillette des feuilles plus aisée, & par conséquent plus exacte : mais pour profiter de tels avantages, il faut destiner ces Arbres à être placés à demeure dans un enclos à l'abri des bestiaux, qui sont tous friands de sa feuille & dont la dent leur fait le plus grand tort. Si l'on ne peut se défendre de cet inconvénient, il est à propos d'en élever la tige jusqu'à six pieds.

XXIII. QUESTION.

Travaille-t-on les Arbres dans la Pépiniere soit au pied, soit à la tête ? & dans quelle saison ?

Nous avons indiqué à la quatorzieme Ques-

tion les labours néceſſaires à la Pépiniere , que nous avons réduits à quatre de rigueur dans l'année : la Pépiniere étant greffée
ne demande pas moins de travail , & nous in-
vitons tous ceux qui en auront formé de ne point
ſe relâcher à cet égard. Quant au travail qu'il y a
à faire à la tête des Arbres, nous dirons que dans la
premiere année de la greffe il faut laiſſer pouſſer
le jet en liberté & ſans y rien faire. Il s'élevera
en jettant des feuilles à chaque œil & au long
de la tige, que vous n'abattrez point ; mais à la
ſeconde année cette tige ayant acquis ſa hauteur , vous la couperez au mois d'Avril de tout
ce qui ſera excédent à la hauteur que vous avez
déſirée; alors, pour fortifier la tige en groſſeur ,
il faudra retrancher tous les Bourgeons qui pouſſeront dans ſa longueur en paſſant la main du
haut en bas , & vous ne laiſſerez ſubſiſter qu'un
ou deux jets à la pointe , pour commencer à
former la tête de l'Arbre.

XXIV. QUESTION.

Faut-il donner des tuteurs aux Arbres dans la Pépiniere ?

Ce ſoin ſeroit ſuperflu , & occaſionneroit
une dépenſe dont la nature de cet Arbre doit
diſpenſer; mais ſi l'on s'apperçoit que la tête devienne trop forte, trop peſante pour la groſſeur
de la tige, & que les vents la faſſent pencher
juſqu'à former de ces Plantes des eſpeces de
demi-cercle , il faudra auſſi-tôt décharger la tête
en ſupprimant une partie des branches.

XXV. QUESTION.

Combien d'années laiſſez-vous les Arbres dans la Pépiniere ? N'eſt-il pas dangereux de les y laiſſer trop long temps, à cauſe de leur proximité ? Eſt-ce leur groſſeur qui doit décider ?

Par ce que nous avons dit précédemment, l'on a vu que la Pourrette plantée en Pépiniere à la fin de Février ou au commencement de Mars, ſera en état d'être greffée l'année ſuivante au mois d'Avril ; que dans cette même année la Plante acquerra ſa hauteur ; que dans la ſuivante elle ſe fortifiera en groſſeur, & que l'Arbre pourra être planté à demeure au mois de Novembre. Nous nous étendrons plus au long ſur la ſaiſon la plus favorable aux Plantations en répondant à la vingt-neuvieme Queſtion. Ainſi en ſuppoſant une pleine & entiere réuſſite, cet Arbre n'aura été en Pépiniere que trois années ; mais comme on n'eſt pas maître des événements, il faut compter ſur quatre années. S'ils en paſſoient plus de cinq dans la Pépiniere, l'on auroit raiſon de les rebuter, parce qu'il ſeroit fort à craindre qu'ils ne repriſſent pas. La groſſeur de l'Arbre au ſurplus ne doit point décider ſur le choix, il ne faut s'attacher qu'à l'âge & à une belle écorce, pour s'aſſurer du ſuccès d'une plantation.

XXVI. QUESTION.

*Quand vous sortez l'Arbre de la Pépiniere,
laissez-vous de la terre autour des racines ? retranchez-vous des racines ?*

En sortant l'Arbre de la Pépiniere , il faut
avoir la plus grande attention pour ne point
offenser ses racines ; pour cet effet il faut les
attaquer de loin , en faisant une fosse très-large
autour du pied. Il ne seroit pas possible d'enlever ses racines avec la terre qui les enveloppe , parce qu'elles sont pour l'ordinaire en-
trelassées avec celles de la Plante voisine ; il
suffit d'agir de maniere à en conserver le plus
qu'on peut , particuliérement des chevelus qui
font de nouvelles racines plus propres que les
anciennes à porter une prompte & abondante
nourriture. Nous renvoyons à parler du retranchement qu'il faut faire à ces racines ,
lorsque nous parlerons de la Plantation de
l'Arbre.

XXVII. QUESTION.

*Quel est le terrein le plus convenable pour
y planter le Mûrier ?*

C'est du choix du terrein & de son exposition que dépendra la belle qualité de la soie.
Toute terre fertile pour le froment sera peu

convenable pour procurer de belle foie ; le Mûrier cependant y deviendra un bel Arbre ; mais fa feuille fera trop nourriffante, elle aura trop de fuc, trop de fubftance ; & s'il y avoit quelque profit à élever le Mûrier Sauvageon, nous oferions dire qu'il conviendroit mieux dans cette efpece de terrein, pour la qualité de la foie, que le Mûrier Greffé. Nous faifons la même obfervation pour les terres près des Rivieres ou des Ruiffeaux. Il ne convient pas non plus de placer le Mûrier dans le voifinage des Haies ou d'autres Arbres, dont l'ombre & les racines leur feroient très-préjudiciables. Une regle générale & à laquelle on peut s'arrêter, c'eft que cet Arbre demande le même grain de terre & l'expofition d'une vigne plantée pour cueillir le meilleur vin : ainfi le terrein convenable aux Mûriers feroit un côteau d'une terre légere & douce, fablonneufe, pierreufe & caillouteufe, dont l'expofition féroit au Midi ou au levant. Au furplus, le Mûrier vient par-tout, mais l'on doit être très-réfervé pour ne pas en garnir de bonnes terres propres à la production du Bled.

XXVIII. QUESTION.

De quelle grandeur faut-il faire les creux pour ces Arbres, & combien de temps avant la plantation ?

Si vous deftinez vos Arbres pour un terrein léger, mais qui ait du fond, il fuffira de faire les trous ou foſſes de ſix pieds en quarré ſur deux pieds & demi de profondeur.

Si le terrein a peu de fond , qu'il y ait de la roche , il faut faire les trous à la même profondeur , mais à huit à neuf pieds en quarré ſur la ſuperficie.

Si la terre eſt graſſe , ſi elle eſt lourde & qu'elle retienne l'eau , les creux doivent être faits à ſix pieds en quarré , mais à trois pieds & demi de profondeur.

Dans tous ces différents terreins il convient de faire les trous dans l'Automne , pour planter à la fin de Février , afin qu'ils puiſſent recevoir les pluies , les neiges & les gelées de l'Hiver , qui fertiliſent la terre par les ſels qui s'y dépoſent.

XXIX. QUESTION.

Quelle eſt la ſaiſon la plus favorable pour ſortir le Mûrier de la Pépiniere pour le tranſplanter ?

La ſeve dans le Mûrier ſe conſerve en mouvement beaucoup plus tard que dans tous les autres Arbres , c'eſt pourquoi il ne convient guere de le ſortir de la Pépiniere dans l'Automne , à moins qu'il ne fût deſtiné à être tranſporté au loin ; parce que dans ce cas il vaudroit mieux encore l'ôter de la Pépiniere ſur la fin de Novembre , que dans le commencement de Février , où l'on a à craindre de longues & fortes gelées qui le feroient périr dans le trajet ; mais si la Plantation qu'on veut faire est voisine , à une ou deux journées seulement de la Pépiniere , il sera très-bien de ne faire sa plantation qu'à la fin de Février ou dans les premiers jours de Mars , ce qui est toutefois subordonné au temps , car il ne faut point arracher l'Arbre ni le planter dans la gelée. Les Jardiniers prétendent qu'il vaut toujours mieux planter en Automne , parce que , disent-ils , l'Arbre pousse quelques chevelus pendant l'Hiver : cette regle peut être vraie pour toutes sortes d'Arbres , mais le Mûrier , qu'ils ne connoissent pas , en fait l'exception. Nous nous sommes bien convaincus qu'il reste pendant l'Hiver dans le même état exactement où il a été placé dans l'Automne ; ainsi n'ayant pas l'espérance que les racines commenceront à travailler dans l'Hiver , on ne sauroit avoir celle qu'il puisse avancer plutôt dans le Printemps ; & il est à craindre que si le froid est rigoureux dans l'Hiver , il n'attaque les racines recouvertes avec une terre nouvellement remuée , qui laisse ouverture au froid : d'ailleurs , si les racines n'en souffrent pas , n'est-il point dangereux que la tête , qui n'a aucun abri & sur laquelle on a laissé le bas des premieres branches, ne se ressente des gelées qui feront périr les bourgeons destinés à former la nouvelle tête de l'Arbre ? Au surplus, nous n'ignorons pas qu'il s'est fait avec succès des Plantations dans les mois de Novembre & Décembre ; mais nous osons dire que ceux qui les ont faites ont été favorisés par les circonstances

circonstances d'un Hiver doux, sans cependant que leur plantation ait eu aucune supériorité sur celles faites dans les mois de Février ou de Mars.

XXX. QUESTION.

A quelle distance faut - il planter les Mûriers ?

Cette distance doit se régler par la qualité du terrein & par les différentes récoltes qu'on juge nécessaires à l'économie d'un Domaine ; les premiers objets de nécessité sont les Bleds & autres grains, ainsi que les fourrages, celui de la soie ne doit être compté qu'après, & comme un supplément de richesses ou d'aisance : ainsi dans un Domaine dont les terres sont fertiles, l'on doit se contenter de planter des Mûriers dans les bordures des Champs, & les placer à trente pieds les uns des autres ; si la terre est de médiocre qualité, on les plantera à quinze pieds.

Si on vouloit en former un quinconce & en remplir une piece de terre très-fertile , il faudroit les espacer les uns des autres de sept toises. Mais comme il est peu de Domaines où dans le nombre des Champs dont il est composé , il ne se trouve quelques parties de terre de peu de valeur, quelques côteaux incultes, quelques vignes anciennes de peu de produit, ce sont à ces parties auxquelles il convient de s'attacher pour les remplir en Mûriers, & y facrifiant toute autre efpece de produit, l'on pourra placer dans de tels endroits les Mûriers à quinze ou dix-huit pieds les uns des autres en quinconce. Ces Arbres, foit par la médiocrité du terrein, foit par le peu d'éloignement où ils feront les uns des autres, ne deviendront jamais bien forts, mais leurs branches ne s'écartant pas autant qu'elles le feroient dans un Champ fertile, il y aura moins de difficulté à en cueillir les feuilles, & le nombre d'Arbres, qu'un petit efpace de terre contiendra, fuppléera pour la feuille à la groffeur que ces Arbres auroient acquife ailleurs.

XXXI. QUESTION.

Quelle eft la méthode pour planter les Mûriers à demeure ? Faut-il les fumer en plantant, ou après les avoir plantés ?

Après avoir donné toute l'attention poffible pour ne pas offenfer les racines du Mûrier en le fortant de la Pépiniere, s'il s'en trouve quelques-unes qui aient été rompues ou fortement froiffées, il faudra les couper entiérement & rafraîchir les autres, ainfi que tous les chevelus; c'eft ce que les Jardiniers appellent *habiller l'Arbre*. On doit auffi couper toutes les branches, à l'exception de deux ou trois des mieux difpofées qu'on laiffe pour former la tête, & qu'on réduit à un ou deux pouces fur le tronc, obfervant que dans cette lon-

gueur il se montre quelques boutons en dehors ; s'il ne s'en trouvoit aucun, & qu'il en
parût à un pouce plus haut, il conviendroit
de ne couper qu'au dessus.

Les racines & la tête de l'Arbre étant ainsi
disposées, on jette dans le trou qui a été ouvert pour le recevoir, un pied de bonne terre
que l'on prendra sur la superficie du Champ,
après quoi on place le Mûrier, en observant
de laisser la Greffe hors de terre & en arran-
geant ses racines suivant leur disposition naturelle ; on les recouvre par un demi-pied de
terre pareille à celle que l'on a mise au fond :
si l'on a quelque terreau ou fumier, il sera
très-bien d'en jeter sur cette seconde couche
de terre, l'on sera payé de cette attention &
de cette dépense par le bon effet qu'elle produira sur la Plante. Enfin, soit qu'on mette
ce fumier, ou qu'on s'y refuse, il faudra
combler la fosse avec la terre qui en aura été
sortie lorsqu'on l'a creusée. On observera en
comblant ce creux de ne point amonceler la
terre au pied de l'Arbre, parce que cette élévation en talus éloigneroit des racines l'eau
des pluies.

Si l'on plante le Mûrier dans une terre sujette à retenir l'eau, nous avons dit qu'il falloit que les trous eussent un pied de plus en
profondeur que par-tout ailleurs ; la raison en
est qu'il convient de donner un écoulement
aux eaux, qui par un trop long séjour gâteroient
les racines, ou nuiroient à la qualité de la
feuille. Pour parer à ces inconvénients, il fau-

dra remplir ce pied de profondeur de plus avec des cailloux & de mauvaises broussailles, au travers desquels l'eau se fera jour ; après quoi l'on se conduira comme nous venons de le dire pour les Mûriers à planter dans des terreins secs & légers.

Si l'on fait venir les Mûriers de fort loin, ou qu'après les avoir tirés de la Pépiniere, on demeure long-temps à les planter, il conviendra de mettre tremper les racines dans l'eau pendant huit à dix heures, ensuite les couper jusqu'à ce que l'on en voie sortir une matiere laiteuse : cette attention est si nécessaire, qu'on ne doit pas craindre de les trop raccourcir, parce que quand elles ne subsisteroient, ainsi que les chevelus, que dans la longueur de six à sept pouces, cela suffiroit ; & au contraire, si l'on ne coupoit pas les racines jusques dans le vif, elles sécheroient dans la terre, & l'Arbre périroit.

XXXII. QUESTION.

Faut - il mettre des tuteurs aux jeunes Arbres, & de quelle hauteur ?

Aussi-tôt que l'Arbre est planté, il est nécessaire de le soutenir par un échalas dont la grosseur doit être d'environ six à sept pouces de circonférence : les échalas seront faits avec du bois de Châtaigner ou de Pin ; je donne la préférence à ce dernier, quoiqu'il dure moins, mais il est plus droit & se joint mieux

à la tige de l'Arbre , qui d'ailleurs n'a exactement besoin de ce secours que jusqu'à ce qu'il
soit bien enraciné. Ces échalas ou tuteurs doivent avoir huit pieds de longueur, ils seront
fichés en terre à deux pieds, & l'Arbre en ayant
six de hauteur, ils atteindront jusqu'à la tête ;
il ne faut pas qu'ils surmontent , sans quoi
les vents agitant les jets qui pousseront au
Printemps , ils se briseroient contre ce qui ex-
céderoit de l'échalas au dessus de la tige : il
ne faut pas aussi que ces tuteurs soient trop
courts , autrement ils offenseroient la tige dans
l'endroit où ils resteroient en défaut. Ces échalas seront fixés à l'Arbre par des liens en osier
à un pied de la tête & au centre de la Plante ;
mais dans la crainte que ces liens n'offensent
l'écorce , il faudra entr'eux & l'Arbre placer
des nœuds de paille.

Nous ne pouvons passer sous silence une
Pratique que nous avons mise en usage , &
à laquelle l'extrême beauté de nos Plantations
ne permet pas d'avoir regret : on ne la prescrit point comme de rigueur ; mais les personnes attachées à leur Plantation ne négli-
geront peut-être pas de la suivre. Il s'agit d'em-
pailler les jeunes Mûriers depuis le bas de la
tige jusqu'à la tête , cette attention garantit
l'écorce des ardeurs du Soleil & des grands
froids de l'Hiver ; l'une & l'autre de ces extrêmités font quelquefois éclater l'écorce , qui
est plus tendre sur ce Mûrier que sur le Sauvageon , & il se fait par ces éclats une déperdition de seve désavantageuse à l'Arbre. Au

furplus, une claie de paille de feigle fuffit pour
plufieurs, la dépenfe eft modique, & l'objet
de ce ménagement eft intéreffant.

XXXIII. QUESTION.

*Dans quelle faifon convient-il de travailler
les Mûriers au pied, combien de fois par
an, & à quelle diftance du pied doit-on
les travailler ?*

Les Cultures à faire au Mûrier planté à
demeure font les mêmes que celles indiquées
pour ceux qui font en Pépiniere. Ses labours,
on le répete, doivent être donnés en Mars ou
Avril, Mai, Juillet ou Août, & à la fin d'Octobre,
toujours avec la beche ou le trident, fuivant
la qualité du terrein & à une toife en quarré
autour du pied de l'Arbre. L'on invite tous
ceux qui voudront former de belles Plantations, à ne rien négliger fur cette Culture.
Pour être en état de l'exécuter, on ne doit femer ni bled ni légumes dans cet efpace de
terrein, il faudroit auffi n'en point femer dans
toute la ligne que forme une rangée ; il feroit
encore à defirer que dans des Champs couverts
de Mûriers l'on ne répandît le grain qu'avec
le Semoir ; car indépendamment de ce que
les récoltes en feroient beaucoup plus confidérables, c'eft qu'avec cet inftrument d'Agriculture l'on ne répand le grain qu'où l'on
veut, & que l'on feroit affuré qu'il n'en feroit

pas jeté au pied des Arbres. D'ailleurs, tout
le grain qu'on pourroit recueillir au long des
lignes de Mûriers, sera foulé par ceux qui ra-
masseront la feuille : ce grain perdu est le
moindre inconvénient, si l'on considere que
les Plantes de Bled (dont vous ne profitez
pas) ont attiré à elles toute la fraîcheur de
la terre, en ont privé les racines de l'Arbre,
& leur ont empêché de profiter des labours,
des effets du Soleil & des rosées : c'est par cette
raison qu'il est fort ordinaire de voir périr
ainsi de très-beaux Mûriers qui promettoient
beaucoup dans la premiere, seconde & troisieme années; ou si la fertilité du terrein les
conserve, leur produit est considérablement
retardé.

XXXIV. QUESTION.

*Dans quel temps & comment travaille-t-on
à former la tête du Mûrier ?*

L'on ne doit point toucher à la tête du
Mûrier qu'au commencement de sa seconde
année, c'est-à-dire, dans le mois de Février
ou de Mars. Jusqu'à ce temps il faut le laisser
pousser avec liberté, à l'exception des bourgeons qui sortiront au long de la tige, qu'il
faut avoir grand soin de détruire en visitant
ces jeunes Arbres tous les huit jours; la paille
dont nous avons conseillé d'envelopper la tige
n'y met point d'obstacle, parce qu'on voit
ces bourgeons percer au travers; d'ailleurs

nous ajouterons que cette enveloppe doit être très-légere. Quant à la tête de l'Arbre, on commence dès la seconde année à travailler à la former ; pour cet effet, on n'y laissera que trois à quatre jets de tous ceux qui auront poussé, en choisissant ceux avec lesquels l'on présumera pouvoir donner avec plus de facilité, la forme d'un calice à la tête de l'Arbre : ces jets conservés seront coupés à un pied du tronc, s'ils ont poussé fort haut ; s'ils sont foibles, il faudra les couper seulement à six pouces. Ces jets l'année suivante en pousseront beaucoup d'autres, que l'on taillera de même en n'en conservant que deux ou trois sur celui de l'année précédente, & toujours en choisissant les mieux disposés, pour donner à la tête de l'Arbre la forme que nous avons prescrite. Au surplus, il est très-difficile de décrire une Pratique sûre pour cette taille ; l'on ne peut qu'en donner une légere idée, parce qu'elle doit varier par l'inspection de la tête & des branchages : nous aurons occasion d'en parler ailleurs.

XXXV. QUESTION.

Quand est-ce qu'on peut commencer à ramasser la feuille ?

L'on doit commencer à ramasser la feuille après la seconde année où l'on aura formé la tête à l'Arbre, c'est-à-dire, à la troisieme année de la Plantation : il seroit dangereux d'at-

tendre plus long-temps , mais l'on doit avoir
attention de cueillir cette feuille de très-bonne
heure dans la faison , & au plus tard dans
les premiers jours de Mai , par la raifon qu'il
convient de procurer à ces jeunes Arbres tous
les avantages de la feconde feve.

XXXVI. QUESTION.

Quelle est la meilleure méthode pour ména-
ger l'Arbre en cueillant la feuille ?

Pour avoir la feuille du Mûrier & ne faire
aucun tort aux branches , il faut que ceux
chargés de la ramaffer prennent la branche de
bas en haut , & non point du haut en bas ,
& coulant ainfi la main , ils auront la feuille
fans offenfer la branche , autrement ils enle-
veroient avec la feuille l'écorce de la branche ,
& détruiroient tous les bourgeons qui doivent
faire leur pouffée au mois de Juillet. Il faut
auffi que les cueilleurs aient le foin de ramaffer toutes les feuilles , fans quoi la feve fe
portant à nourrir celles que l'on auroit laif-
fées , agiroit avec moins de vigueur & aban-
donneroit même les parties de l'Arbre où il
n'en feroit point refté ; ces branches ne poufferoient plus que quelques foibles jets , qui
par la fuite périroient ou deviendroient buif-
fonneux , ainfi qu'on le voit fur les Mûriers
Sauvageons , dont il eft impoffible de ramaffer la feuille exactement.

Il convient encore de faire la cueillette de

la feuille de bonne heure ; mais cet article,
dira-t-on, dépend du temps jusqu'auquel
les Vers à foie ont besoin de nourriture : cela
est vrai, aussi conseillons-nous de faire éclorre
la Graine le plutôt qu'il sera possible ; mais
si ce temps porte loin, il faudra se souvenir
l'année suivante de commencer à ramasser la
feuille aux Arbres où elle aura été cueillie
l'année précédente la derniere, & chaque
année prendre à rebours la Plantation : par
ce moyen vous donnerez à vos Arbres de deux
années l'une les avantages de la seconde seve,
&, pour me servir à cet égard d'une expression
connue des Jardiniers, vos Arbres en autom-
neront mieux, c'est-à-dire, pousseront plus de
jets pour l'année suivante.

XXXVII. QUESTION.

*Faut-il, après qu'on a cueilli la feuille,
couper des branches de l'Arbre & le tailler en dedans & en dehors, ou simplement le nétoyer des petites branches cassées?*

Il sera très-nécessaire qu'un Jardinier instruit prenne soin d'un jeune Arbre aussi-tôt
qu'il aura été dépouillé de ses feuilles, parce
qu'il réparera le mal dans sa naissance ; d'ailleurs, au moment où l'on lui a ôté ses feuilles, la seve n'ayant plus de nourriture à y
porter, est repompée dans les racines & s'y
arrête quelques jours ; ainsi ce temps de tailler

l'Arbre eſt favorable , parce que cette taille n'occaſionnera qu'une foible déperdition , & ſera cicatriſée avant que la ſeve remonte : ainſi lorſque le Jardinier appercevra que quelques branches auront été offenſées par la cueillette des feuilles , il les coupera au deſſous du mal qui s'y trouvera fait ; il doit auſſi retrancher toutes les branches qui auront pouſſé au dedans de la tête de l'Arbre , celles qui pouſſeront en travers , celles qui ſeront foibles ou mortes , en ménageant les yeux ou boutons qu'il appercevra au bas & à la naiſſance de ſes branches. Enfin , dans les premieres années il tiendra baſſes toutes les jeunes branches , en coupant à un pied les nouvelles pouſſées & de maniere qu'elles ſoient toutes à l'œil de même hauteur.

Nous ne diſons rien des branches chifonnes , de celles de faux bois , des branches gourmandes , parce qu'il eſt très-rare d'en trouver ſur le Mûrier , & que tout Jardinier les connoît & ſait qu'elles doivent être retranchées.

XXXVIII. QUESTION.

Lorſqu'un Arbre eſt jeune & qu'il ne profite pas, quels ſont les ſymptomes auxquels on connoît qu'il ſouffre , & quels ſont les remedes qu'on peut y porter ?

L'on doit juger qu'un Arbre ſouffre , lorſ-

qu'on ne le voit pas pouffer auffi vigoureusement que les autres de la même Plantation ;
que les jets de chaque année font foibles &
grêles ; que fes feuilles fe replient & qu'elles
jauniffent dès la fin du Printemps : alors il convient de redoubler les Cultures , d'enlever un
pied de terre vers les racines , & d'en porter
de neuve mêlée avec quelques fumiers fecs :
fi ce remede ne le ranime pas , l'on fera très-
bien de lui couper la tête , non pas fur le
tronc , mais à un pied feulement , en ne lui
laiffant que trois à quatre branches des mieux
difpofées pour lui former une tête nouvelle.

XXXIX. QUESTION.

*Quelle eft la forme & quelles font les bornes
dans lefquelles on doit tenir ces Arbres
pour qu'on puiffe cueillir facilement toute
la feuille & n'en point perdre , c'eft-à-
dire , doit-on les laiffer garnis beaucoup
en dedans , & les empêcher de trop s'étendre en hauteur & en largeur ?*

La forme de cet Arbre , ainfi que nous
l'avons dit , doit être à-peu-près celle d'un
calice ou d'une cloche renverfée ; cette forme
eft néceffaire pour donner entrée dans le cœur
de l'Arbre aux cueilleurs de feuille , & pour
que l'air & le foleil puiffent pénétrer dans l'intérieur de la tête , procurer aux feuilles les
qualités qu'elles doivent avoir , les agiter , &

les fécher des rofées du matin. Quant aux
bornes où l'on doit tenir les branchages de cet
Arbre , c'eft-à-dire , la maniere dont on doit
l'élever , l'on ne peut indiquer que des principes généraux qui feront toujours fubordon-
nés aux différents progrès que cet Arbre fera,
fuivant le terrein dans lequel il fera placé , &
le plus ou le moins de Culture & de foins qu'on
lui donnera. Nous dirons cependant qu'il faut
fe conduire pour les branches que poulfera
cet Arbre à-peu-près de la même maniere que
l'on aura fait lorfqu'on a voulu lui former la
tête. L'on a vu à cet égard qu'il convenoit de
ne lailfer fur le tronc que trois à quatre branches , & les couper à un pied ou fix pouces
de hauteur , fuivant leur degré de force ou de
foiblelfe : la raifon de cette premiere pratique
eft d'abord de ne pas trop charger la tête de
l'Arbre , que la tige ne pourroit pas foutenir,
& en coupant fes branches , de les aider à fe
fortifier en grolfeur : les mêmes raifonnements
s'appliquent également aux branches que l'on
aura dans la fuite à élever. L'on fera donc le
choix de celles qui fe préfenteront fur chaque
branchage ; on n'en lailfera fubfifter qu'une ou
deux des mieux difpofées , pour la forme de
l'Arbre ; l'on les coupera à cinq à fix pouces
du branchage fur lequel elles ont pris nailfance :
l'on conçoit que fi on les y lailfoit toutes , ce
branchage ne pourroit les porter , & il deviendroit lui-même trop pefant pour la tige. Cette
explication doit fervir de méthode pour tout
le temps que l'Arbre fubfiftera. En fe condui-

fant ainfi, fa tête fera toujours belle, & quelque étendue qu'elle ait, la cueillette de la feuille ne fera pas difficile, parce que les cueilleurs iront d'une branche à une autre avec fûreté ; la tige étant d'abord affez forte pour fupporter la totalité de la tête de l'Arbre, & chacun des branchages ayant été élevé par gradation à ne porter que des branches moins fortes que lui, & ces branchages étant eux-mêmes beaucoup moins forts que la tige, tout croîtra & s'élevera en proportion : les cueilleurs de feuille parcourront tous ces branchages, à la faveur defquels, comme fur une échelle, ils atteindront par-tout. Un Jardinier intelligent, qui verroit des Mûriers de tout âge taillés de la forte, concevroit avec facilité ces procédés.

XL. QUESTION.

Lorfqu'un Mûrier devient vieux & que la feve fe ralentit, convient-il de l'ébrancher jufqu'au tronc, ou vaut-il mieux l'arracher pour en planter un autre ? Ce dernier parti n'eft-il pas le plus fûr ? Car fi l'Arbre fouffre par fes racines trop abondantes & embarraffées les unes dans les autres, vainement peut-être chercheroit-on à les renouveller en coupant fes branches.

Le parti de détruire eft aifé, il eft toujours entre nos mains ; mais avant que de s'y déci-

der , il convient d'épuiser tous les moyens de
conserver : il est vrai que lorsque le mal est
extrême , l'on emploiroit vainement toutes les
ressources de l'art. L'on ne rétablira point un
vieil Arbre ; le grand âge dans toute la nature annonce le terme de la vie : en ce cas , il
convient de l'arracher ; il en sera de même
d'un Arbre qui aura été mal soigné , qui sera
taré & couvert de fistules , par lesquelles il se
fait sans cesse des déperditions de seve , sans
que l'on apperçoive les cicatrices se fermer &
se recouvrir. Après avoir examiné pendant
quelques saisons le mal , & y avoir donné des
soins sans succès , il ne faudra pas hésiter d'arracher cet Arbre , quoique jeune encore. Mais
s'il ne s'agit que de rétablir un manquement
de vigueur , il faut secourir l'Arbre par de
fréquents labours , par quelques terres neuves ,
quelques fumiers secs , comme crottin de mouton , rognures de cornes & de peaux , &c. déchausser ce Mûrier jusqu'aux racines , examiner s'il n'y en a pas quelques-unes qui aient été
offensées par la charrue lors des labourages , supprimer les plus grosses qui s'étendent horizontalement jusques sur la superficie de la terre ,
les couper à deux pieds de la tige , ne semer
aucuns grains dans l'espace de deux toises du
pied de l'Arbre ; enfin , le dégarnir sur la tête
de quelques branches , & couper toutes les som-
mités des autres. Si ces remedes n'opérent
pas une guérison parfaite , il faudra couper
la tête à cet Arbre à deux à trois pieds du
tronc : cette derniere opération sera faite

à la fin de Février , & dans la même année l'on est assuré que l'on rendra la vie à ce Mûrier , & qu'il deviendra plus beau dans la suite.

XLI. QUESTION.

Ne peut on pas enter un vieil Arbre sur la tête ou sur une branche ? & de quelle méthode doit-on se servir ?

La Greffe sert à rendre l'espece du Mûrier meilleure , & plus propre à la nourriture des Vers à soie : elle peut s'appliquer avec succès à un Mûrier Sauvageon âgé de vingt-cinq à trente ans. Le seul inconvénient que nous connoissions à cette pratique , est que la Greffe ne s'unissant pas aussi promptement sur un vieux sujet que sur un jeune , il est à craindre que les cueilleurs de feuille mettant le pied entre la Greffe & le sujet , la Greffe n'échappe , & qu'ils ne tombent. Cependant un semblable accident n'arrivera pas , si lors des premieres années on a soin de ne cueillir la feuille sur ces Arbres qu'avec une échelle.

Quelques personnes ont prétendu que la Greffe du Mûrier pouvoit se placer sur le Chataigner , l'Orme , le Chêne , &c. Mais en supposant qu'elle viendroit à réussir , on n'en tireroit peut-être pas un grand avantage ; car la feuille qu'elle produiroit au lieu de nourrir les Vers à soie , pourroit bien les faire périr , n'y ayant pas entre la Greffe & le sujet qui

doit

doit la recevoir une convenance, un rapport de nature qui puisse faire espérer que la seve, passant du sujet dans la Greffe, soit propre à la nourrir, sans en altérer les qualités. Ainsi, sans vouloir hazarder de multiplier de cette façon le Mûrier d'Italie, il est bien plus simple & plus assuré de greffer sur le Mûrier Sauvageon, dont l'espece n'est pas rare & dont la qualité de la feuille, propre par elle-même à la nourriture des Vers, n'a besoin que d'être perfectionnée, pour faire porter à cet Arbre des feuilles en plus grande abondance, plus faciles à ramasser, & plus convenables aux Vers après leur seconde & troisieme mues.

L'on réussira à greffer un Mûrier Sauvageon, (quelque âge qu'il ait) pourvu qu'il soit sain. A cet effet, on coupera dès le mois de Novembre, ou dans le commencement de Décembre, toutes ses branches à un pied du tronc. L'année suivante il naîtra de ces branches une infinité de jets, sur lesquels l'année d'après l'on posera une ou deux Greffes dans le mois d'Avril : l'on aura ensuite attention de dépouiller ces jets de tout ce qu'ils pousseront en Sauvageons, parce que sans cela ils prendroient une nourriture que l'on doit réserver pour les Greffes qui y sont placées : il faudra même ne laisser ces jets Sauvageons que de huit à dix pouces de hauteur avant que de les enter. L'on ne conseille cette multitude de Greffes, que par la crainte que la saison étant contraire, plusieurs ne soient sans succès, & que d'ailleurs il convient d'avoir à

choifir entre plufieurs , pour ne conferver que
les branches les mieux difpofées à former la
tête de l'Arbre. Si l'année eft favorable , chacune de ces Greffes aura pouffé des jets de fix
à fept pieds de hauteur ; on fe conduira pour
lors comme fi l'on avoit un jeune Mûrier à
former , foit pour la taille , foit pour le temps
auquel on doit commencer à ramaffer la
feuille.

SUR LA MANIERE
d'élever les Mûriers en Arbres nains , en taillis , haies ou pa-liffades.

XLII. QUESTION.

Lorfqu'on veut planter un taillis de Mû-riers , quelle préparation doit-on donner à la terre ?

La nature & l'expofition du terrein font de
la plus grande conféquence pour cette efpece
de Plantation , qui ne doit être faite que fur
un côteau & dans un terrein léger : fi l'on
choififfoit au contraire un fond bas dont la
terre fût graffe , lourde & qui retînt l'eau ,
les Plantes n'y croîtroient pas moins bien ,
mais la feuille feroit dangereufe aux Vèrs à
foie. Le Mûrier nain eft plus expofé à l'humidité des rofées que le Mûrier à plein vent ;

l'air féchera plus promptement les feuilles de ce dernier que celles du Mûrier nain : il convient donc de le placer dans un lieu élevé où l'air circule avec facilité.

Quant à la préparation à donner à la terre pour une femblable Plantation, il faudra la défoncer à deux pieds, comme l'on feroit fi l'on vouloit y planter la vigne.

XLIII. QUESTION.

Faut-il faire un foßé ou ouvrir des trous,
& à quelle diftance les uns des autres ?

Le terrein ayant été défoncé dans toute fon étendue, il fuffira lors de la Plantation d'ouvrir des foßes de deux pieds en quarré avec la beche, pour y placer les Plantes & arranger leurs racines ; cette foße aura dix-huit pouces en profondeur. Quant à la difpo-fition qu'il faut donner à cette Plantation, elle fera faite en quinconce, & les Plantes éloignées les unes des autres d'une toife.

XLIV. QUESTION.

Quelle hauteur doivent avoir les Plantes ?
Convient-il qu'elles foient entées, ou
doivent-elles être en Sauvageons ?

La tige de cette efpece de Mûriers ne doit pas avoir au-delà de fix pouces de hauteur.

Les Plantes doivent être entées. Nous avons

vu plusieurs de ces Plantations en Languedoc , & nous ne savons pas qu'il s'en soit
jamais fait en Sauvageons ; la raison en est
sans doute que le Sauvageon pousse trop lentement , donne moins de feuilles , & qu'a-
près quelques années chacunes de ces Plantes
ne formeroient qu'un buisson épineux , qui ne
donneroit ni feuilles , ni bois : Deux avantages que l'on a en vue dans cette maniere de
planter.

XLV. QUESTION.

*Doit-on les travailler aux environs de la
souche , & à quelle distance ?*

Ces Plantes étant placées à six pieds les
unes des autres en tout sens , il seroit difficile
de ne travailler qu'aux environs de la souche ,
sans attaquer en général tout le terrein : il
convient donc de donner des labours à la totalité ; ces labours seront les mêmes que ceux
prescrits pour l'entretien d'une Pépiniere , &
toujours à la beche , afin d'empêcher les racines de s'étendre sur la superficie de la terre.

XLVI. QUESTION.

*Doit - on les tailler souvent jusqu'à la
souche ?*

Ces Plantes bien entretenues seront coupées

toutes les trois années à un pouce de la fouche ; le bois qu'on en retirera fera confidérable , il fera fort & fera de beaux fagots :
dans un pays de vignobles , on y trouvera des
échalas de fept à huit pieds de hauteur , dont
le bois fera meilleur & de plus de durée que
ceux de Saule & Peuplier.

Le temps pour couper ce taillis eft au commencement de Mai , & auffi-tôt qu'il aura été
défeuillé pour la nourriture des Vers à foie ,
parce que dans le furplus de cette même année , fi la faifon eft favorable , les fouches
auront repouffé à plufieurs pieds de hauteur,
& les feuilles qu'elles produiront l'année fuivante , étant fecondes fur ces mêmes branches,
pourront être données aux Vers à foie : fi au
contraire on attendoit de couper ce taillis
dans l'Automne ou dans le Printemps , les jets
poufferoient plus haut , mais l'on feroit privé
de la cueillette de la feuille pour l'année qui
fuivroit.

XLVII. QUESTION.

*Ne doit-on pas choifir dans la Pépiniere,
de préférence , pour mettre en taillis les
Arbres qui n'ont pas fait un beau premier jet ?*

Cette économie fera très-bien entendue , &
ce fera un moyen de tirer un bon parti de
ces Arbres ; mais quelqu'un qui auroit un

taillis à former , fera bien d'élever lui-même ces Plantes dans une Pépiniere , où au lieu de mettre la Pourrette à trois pieds de diftance de l'une à l'autre , comme nous l'avons dit (en répondant à la treizieme Queftion) , il fe contenteroit pour cet objet de les placer à douze ou quinze pouces feulement : par ce moyen il perdroit & cultiveroit moins de terrein , ce qui diminueroit fa dépenfe ; les Plantes n'en fouffriroient pas , parce qu'elles feroient deftinées à ne refter en Pépiniere que deux années.

XLVIII. QUESTION.

Faut-il que l'Arbriffeau ait refté plus d'un an enté dans la Pépiniere , pour le planter dans le taillis ?

Les Plantes ayant été entées dans le mois d'Avril , peuvent être portées dans le taillis au mois de Février , ou dans le commencement de Mars de l'année fuivante : fi elles n'ont été entées que dans le mois de Juillet, il fera néceffaire de les laiffer en Pépiniere une année de plus , pour que le jet qui proviendra de la Greffe fe fortifie.

XLIX. QUESTION.

Ne pourroit-on pas , pour former un taillis,
porter la Pourrette du Semis au taillis
en droiture , l'y élever en Sauvageon,
& l'enter en place ?

L'on ne conseille point une semblable pratique , parce qu'il est plus aisé de donner des
soins aux Plantes dans la Pépiniére , où elles
occupent peu de terrein , que dans l'étendue
du taillis; d'ailleurs ces Plantes au sortir du
Semis se défendent mieux les unes près des
autres des vents & des sécheresses , qu'elles
ne seroient en plein Champ. L'on peut même,
pendant le temps qu'elles se forment à la Pépiniere , récolter des grains ou légumes dans
le Champ qu'on leur a destiné.

L. QUESTION.

De quelle maniere faut-il couper cet Ar-
brisseau , pour qu'il forme une souche qui
fournisse plusieurs branches, & non point
un seul jet , qui formeroit un grand
Arbre ?

Nous avons dit ci-devant qu'il ne falloit
pas que la tige de ces Plantes eût plus de
six pouces ; elle sera donc coupée à cette hau-

teur , & fera plantée de maniere que la Greffe
fe trouve hors de terre à environ deux pouces , parce que les labours élevant le terrein ,
cette Greffe fe trouvera alors à fleur de terre.
Quant à la méthode qu'il faut fuivre pour
que cette fouche fourniffe plufieurs branches ,
& non point un feul jet , ce fera l'affaire de
la nature , qui ayant placé plufieurs boutons
à la tige , les fera pouffer tous à la fois. Vous
n'aurez d'autre foin qu'à les voir s'élever ,
fans en détruire aucun ; & la fin de l'année vous montrera un buiffon où vous n'aviez
placé qu'un feul jet.

LI. QUESTION.

*Peut-on faire des haies en Mûriers ? &
cette forme de clôture eft-elle affez folide
pour défendre l'entrée d'un Champ ?*

Il feroit fort à defirer que toutes les haies
à la Campagne fuffent faites en Mûriers ; les
Chemins en feroient plus agréables , & les
récoltes plus en fûreté. Cette maniere de clôture devient en peu d'années extrêmement
forte ; la Plante de Mûrier croît beaucoup
mieux que toutes les autres & fe garnit plus
vîte : deux ou trois années fuffifent , avec
quelques foins, pour former une haie impénétrable à toute efpece de beftiaux.

LII. QUESTION.

*Comment plantez-vous une haie en Mû-
riers ? Quelle grosseur doivent avoir les
Plantes ? Faut-il qu'elles soient entées ?*

L'on ouvrira sur le bord du Champ qu'on
veut enclorre, un fossé de trois pieds en largeur sur deux pieds de profondeur ; l'on placera dans ce fossé les jeunes plants de Mûriers
que l'on aura sortis du Semis ; on coupera
leurs grosses racines au même niveau des chevelus, & ils seront plantés à un pied & demi
de profondeur ; on comblera le fossé avec la
même terre qui en aura été sortie, & l'on coupera chaque jet à deux à trois pouces hors de
terre. La grosseur des Plantes est indifférente,
il suffit qu'elles soient jeunes & n'aient pas
langui dans le Semis d'où on les sort ; chaque Plante sera placée à trois à quatre pouces l'une de l'autre. En cet état, il convient
dans les premieres années de les travailler souvent, & de les garantir de la dent des bestiaux ; pour cet effet, il sera nécessaire d'op-
poser en dehors du Champ une haie faite en
bois mort, ou un fossé assez large. Quant à
la nature des Plantes, il faut qu'elles soient
Sauvageonnes, mais provenues de Pepin de
Mûrier enté, soit de la feuille d'Italie, soit de
celle d'Espagne.

LIII. QUESTION.

Comment élevez-vous cette haie à la hauteur convenable , pour servir de clôture ?

Si les sujets que vous avez plantés ont été de bonne espece , & si l'Eté n'a pas été trop sec, dès la premiere année ils acquerront deux pieds en hauteur ; vous n'en laisserez subsister qu'un pied en les taillant au mois de Février ; dans la seconde année les Plantes pousseront à trois pieds au dessus ; vous en couperez encore deux , afin que la haie se fortifie par le bas , & continuant ainsi d'année en année à laisser croître les Plantes & à les tailler d'une partie de ce qu'elles auront poussé , vous aurez une clôture des plus fermes en peu de temps.

LIV. QUESTION.

Cette haie ainsi élevée , doit-on toujours la garantir de la dent des bestiaux?

Lorsque la haie aura acquis six à sept années , non seulement les bestiaux n'endommageront pas la clôture , mais ils la rendront plus forte ; car en l'attaquant , ils rompront les jeunes jets , ce qui les fera croître en buissons si épineux , qu'ils n'oseront plus en approcher.

LV. QUESTION.

La feuille de ces haies convient-elle aux Vers à soie.

Cette feuille est tellement propre à la nourriture & à la bonne conduite des Vers à soie, que si l'on n'a pas des Champs à fermer par de telles haies, il faut en placer par-tout ailleurs. Cette feuille est la premiere à éclorre, elle est tendre, a peu de suc, & par ces raisons, absolument nécessaire à la nourriture des Vers à soie dans leur premier âge ; elle économise d'ailleurs celle des Mûriers Greffés, qui dans le commencement de la saison n'en fourniroient que très-peu, leurs feuilles n'ayant pas acquis sa grandeur & même sa qualité. Mais pour parvenir à faire porter à ces haies beaucoup de feuilles, il faut avoir soin de tailler tous les jets qu'elles auront poussé l'année précédente, & sur lesquels vous aurez ramassé au Printemps la feuille. Nous ne devons pas cependant négliger d'observer qu'en usant ainsi de cette petite feuille, il ne faut pas que cela engage à ne cueillir que sur la fin de la saison la feuille des Arbres, car ces derniers en souffriroient, & l'année suivante donneroient moitié moins de feuilles, par la raison qu'ils n'auroient pu pousser de nouveaux jets dans la seconde seve de l'Eté. Il convient donc dès les premiers jours de Mai d'abandonner la cueillette sur les haies.

LVI. QUESTION.

Comment élevez-vous des Palissades en Mûriers ?

Le Mûrier prend toutes les formes qu'un Jardinier instruit veut lui donner ; ainsi l'on éleve ces Plantes, comme la Charmille, en berceau, en palissade, en bosquet, &c. L'on y ramasse la feuille dès le mois d'Avril, & à la fin de Mai une seconde feuille vient regarnir tous ces ornements ou décorations, en sorte que l'on n'est privé que pendant fort peu de temps de leur verdure. Pour former ces palissades, l'on se sert de la Pourrette au sortir du Semis, & l'on la plante, comme nous avons dit pour les haies ; l'on appuie & l'on soutient les jets de chaque année par des piquets & des traverses en bois. Tous les Jardiniers sont capables de ces soins, qui sont les mêmes à donner que ceux pour la Charmille ordinaire.

LVII. QUESTION.

A quel âge peut-on espérer de retirer un produit des Mûriers plantés à demeure, de ceux en arbres nains, en haies ou palissades ? Et quels seront à-peu-près ces produits ?

Vous pensez, Monsieur, avec raison, qu'il

ne fuffira pas aux gens de votre Campagne
d'être inftruits fur la Culture du Mûrier ; vous
me demandez encore de leur en faire connoître le revenu , afin que calculant eux-mêmes
ce produit , & l'oppofant aux frais de plantation & d'entretien , ils foient en état de fe
décider fur leur plus grand avantage.

Si , pour établir ce produit , nous jettons
les yeux fur les Mûriers plantés dans cette Province il y a quinze , vingt , trente & quarante
années , quel découragement pour cette Culture ! Nous en voyons beaucoup de tous ces
âges , dont on dédaigne de ramaffer le peu de
feuilles qu'ils produifent , & d'autres dont les
Propriétaires retirent à peine 8 ou 10 fols par
année , ce qui ne les dédommage pas de la
perte du terrein que ces Arbres occupent , &
du préjudice que leurs racines & leur ombrage
caufent aux Plantes qui les avoifinent.

Si nous confultons les Auteurs qui ont écrit
fur la Culture des Mûriers , nous les trouvons
tous réunis pour ne nous promettre qu'une
foible jouiffance , qui ne commencera qu'après
dix ou douze années de travaux & de dépenfes.

Je vous préfente ce tableau tel que je l'ai vu
moi-même il y a quinze à vingt années , n'en
foyez point effrayé ; j'efpere , en ramenant tout
à des principes certains , vous démontrer qu'il
peut être vrai que le produit des Mûriers ne
foit pas plus confidérable pour le Propriétaire
que je viens de l'avancer , fans cependant qu'on
puiffe rien en conclure de contraire aux avantages de fa Culture , & aux bénéfices que j'éta-
blirai,

Le principal produit du Mûrier eſt dans ſa feuille , cette feuille eſt la ſeule nourriture propre aux Vers à ſoie : cet Arbre leur eſt ſi particuliérement conſacré , qu'aucun autre Inſecte ne le partage avec eux.

Celui qui veut élever des Vers à ſoie a donc beſoin de cette feuille : s'il eſt Propriétaire de ces Arbres , ils lui rendront davantage en conſommant chez lui la feuille , que s'il les loue : la raiſon en eſt ſenſible ; il eſt juſte qu'il ſoit payé des ſoins qu'il donnera lui-même aux Vers qu'il élevera. Si ces Arbres ne lui appartiennent pas , il eſt obligé de les louer ; cette premiere différence de produit ne conclut rien contre le plus ou le moins de valeur de l'Arbre , parce que ce produit eſt dans cette hypotheſe ſubordonné à la forme de l'exploitation : ainſi donc un Mûrier que vous louerez 5 ſols , n'en vaudra pas moins 9 ou 10. Le ſacrifice que vous faites de ce ſurplus eſt compenſé par les ſoins & les embarras que vous voulez éviter , & par l'incertitude de la récolte à laquelle vous n'avez pas voulu être expoſé. Cependant comme cette forme de régie eſt la plus commode & la plus uſitée , examinons ſous ce dernier point de vue le produit du Mûrier en louant cet Arbre pour ſa feuille.

Le nourricier de Vers à ſoie auquel vous louez vos Mûriers , examine , avant de faire prix avec vous, deux choſes ; la premiere , ſi l'Arbre eſt fourni de beaucoup de feuilles ; la ſeconde , ce que la cueillette de cette feuille pourra lui coûter de temps ou d'argent.

Vous voyez donc d'abord , Monſieur , que l'âge de votre Arbre , la groſſeur de ſon pied , ſont des objets indifférents : il ne s'agit que de mettre un prix en proportion de la quantité de feuilles dont il eſt couvert , & du plus ou moins de facilité que l'on aura pour la ramaſſer.

Si cet Arbre (n'importe à quel âge) eſt aſſez chargé de feuilles pour qu'on en eſtime la quantité , je ſuppoſe à 50 livres peſant ; que cet Arbre ait été élevé avec ſoin ; que ſa feuille ſoit d'une bonne qualité , qu'elle ſoit nourriſ-ſante ſans être groſſiere & viſqueuſe , ce qui dépendra de la nature & de l'expoſition du terrein; que cet Arbre ait été bien taillé , ce qui rendra la cueillette de la feuille fort aiſée , ce nourricier ne craindra pas de vous offrir 30 ſols des feuilles de cet Arbre , parce qu'il ſait que cette feuille n'eſt pas chere à 3 liv. ou 3 liv. 10 f. le quintal , & qu'il voit qu'on peut la ramaſſer en une heure de temps.

Si au contraire vous ne préſentez à cet homme (ainſi qu'on l'a fait juſqu'à préſent) qu'un Arbre chargé d'une petite feuille , peu nourriſſante , dont il ſera obligé de faire une double conſommation , ſans que ſes Vers en ſoient mieux nourris ; s'il eſtime ne trouver ſur cet Arbre que dix livres peſant de cette feuille ; s'il voit que , faute de ſoins , d'entre-tien , & d'avoir été taillé , ſa tête ne forme que pluſieurs buiſſons épars & comme épineux ; s'il ne peut avoir cette feuille ſans ſe bleſſer les mains , & même ſans danger pour ſa vie ,

attendu que les branchages auront filé trop
haut fans avoir fourni des branches affez fortes
pour le conduire par-tout ; alors cet homme
en vous offrant 4 à 5 fols de la feuille de cet
Arbre la paiera fa valeur , & même au-delà ,
en proportion de l'exemple que nous avons
donné d'un Arbre de belle efpece & bien entretenu ; parce que les frais de cueillette des
feuilles font toujours à la charge du Propriétaire de l'Arbre , par la confidération qu'en
fait celui qui le loue. Voulez - vous en être
plus particuliérement convaincu , fuppofons
que dans ce Pays , comme dans quelques Vil-
les du Languedoc , la feuille du Mûrier fe
portaffe au marché public , ainfi que les grains
& légumes ; cette feuille s'y vend pour l'ordinaire 3 liv. ou 3 l. 10 f. le quintal : fi fur
deux Arbres vous récoltez un quintal de feuilles , vous retirerez 3 l. ou 3 l. 10 f. fur quoi
déduifant 10 fols pour les frais de cueillette ,
il vous reftera 50 fols ou 3 liv. , ce qui établit le produit de chacun de ces Arbres à 25
ou 30 fols. Si au contraire vous êtes obligé ,
pour former ce même quintal de feuilles , de
dépouiller dix Arbres Sauvageons au lieu de
deux de celui d'Italie , d'abord vous ne trouverez que 40 fols du quintal de cette petite
feuille , fur quoi diminuant pour les frais de
cueillette 20 fols , il ne vous reftera qu'autres
20 fols ; ce qui n'établit le produit qu'à 2 f.
pour chaque pied de ces Arbres.

Il eft donc démontré , comme on ne fauroit le faire trop entendre , que le revenu du
Mûrier

Mûrier pour le Propriétaire , est en raison de
l'abondance de feuilles dont il se couvre & de
la facilité pour les cueillir ; que cette cueillette
est toujours faite à ses frais , soit qu'il loue
son Arbre , ou qu'il fasse vendre ses feuilles au
marché public ; parce que dans le premier cas
le nourricier des Vers à soie les retient sur le
prix qu'il propose de cet Arbre , & que dans
le second le Propriétaire les paie directement
lui-même. Il doit donc ne s'attacher qu'à cultiver l'espece de Mûrier qui lui donnera le
plus de feuille , avec le moins de dépense
pour la ramasser.

Après ces réflexions, est-il étonnant, Monsieur, que la Culture du Mûrier ait fait si
peu de progrès dans cette Province, depuis
plus de cinquante années, & que l'on ait entretenu à grands frais & sans succès des Pépinieres ? Doit-on être surpris encore d'entendre dire à une infinité de gens ayant fait anciennement des Plantations de Mûriers, qu'ils
les ont fait arracher, parce qu'ils ne leur donnoient aucuns revenus ? Ces Arbres Sauvageons
pouvoient-ils leur en donner ? d'une part ils
n'avoient que très-peu de feuilles, & d'un autre côté, ce produit restoit nul par les frais
pour les cueillir.

Quant à l'éloignement de jouissance porté,
à dix ou douze années de Plantations , par
différents Auteurs qui ont écrit sur les Mûriers, il faut observer que la plupart n'ont
parlé que du Mûrier Sauvageon , & que les
autres ayant connu le Mûrier Greffé plus par

théorie que par pratique , n'en ont éloigné les premiers produits que parce qu'ils n'ont pas affez réfléchi fur la néceffité de le dépouiller de bonne heure de fes feuilles.

J'obferverai à l'égard du Mûrier Sauvageon , qu'il pouffe beaucoup plus lentement que le Mûrier greffé , par cette raifon il faut bien des années avant qu'il ait produit des branches propres à lui former la tête , & que fur ces branches il s'en foit fortifié d'autres qui puiffent donner affez de feuilles , pour mériter de parler de fon produit , puifque à peine lui en accorderai-je un à l'âge de trente ans , en fuppofant encore qu'il aura été bien entretenu. Voici mes raifons : Cet Arbre ne pouffe que des jets très-courts , il faut , pour en avoir la feuille , les arracher l'une après l'autre ; car fi vous voulez couler la main fur le jet auquel elles tiennent , & la ferrer affez pour les avoir , le jet vient avec elles , & vous perdez votre Arbre : ainfi les dépenfes pour avoir la feuille , le tort fait à l'Arbre & celui qu'il caufe dans le terrein qu'il occupe , tout abforbe le produit. Cette feuille eft d'ailleurs peu nourriffante pour les Vers fortis de leur troifieme & quatrieme mues , vous êtes obligé de leur en donner plus fouvent : il y a plus , vous leur renouvellez dans cet âge cette nourriture , avec le chagrin de voir qu'ils n'ont pas mangé celle que vous leur aviez donnée le moment auparavant ; la groffeur dont ils font pour lors leur a fait flétrir par leur pefanteur cette feuille avant que de s'en nourrir : cette feuille qu'ils

n'ont pas confommée augmente leur litiere,
elle s'échauffe par-là plus aifément, & leur
caufe des maladies dont ils périffent : ces inconvéniens ne font pas à craindre dans la naiffance des Vers, jufqu'à leur deuxieme & troifieme
mues, cette nature de feuilles leur convient alors
auffi parfaitement, qu'il eft dangereux & dif-
pendieux de leur en donner plus tard. Mais
pour avoir cette feuille avec abondance & économie, il faut la prendre, comme je l'ai dit
ci-devant, fur des haies que vous formerez
pour fervir de clôture à vos Champs.

Jufqu'à préfent, Monfieur, je n'ai établi le
produit du Mûrier que fur des raifonnemens
& des calculs, qui, quoique très-folides, à ce
que je penfe, ont encore befoin d'une démonf-
tration pratique, qui achevera de vous convaincre qu'on ne peut s'occuper plus effentiel-
lement pour le bien de cette Province, qu'en
y encourageant la Culture du Mûrier Rofe ou
d'Italie. Je vais donc vous préfenter des faits en
vous parlant de mes Plantations : ce que j'ai
fait eft entre les mains de tous ceux qui voudront le faire.

Mes Plantations de Mûriers à demeure ont
été commencées en 1754 au mois de Février.

Ces Arbres plantés en 1754 ne donnerent
aucun produit cette premiere année, non plus
qu'en 1755 & 1756 ; ces trois années furent
employées à laiffer fortifier la tige & à leur former la tête. Mais au Printemps de 1757 on com-
mença à en ramaffer la feuille : j'avois dans le
même temps fait des haies & formé des paliffa-

des en Mûriers fauvageons, dont j'employai la
feuille en 1757. Je ne calculai point alors par la
quantité de feuilles que j'obtins de ces Arbres,
de ces haies & paliſſades, quel étoit à-peu-près le
produit que j'en retirois au commencement de
cette quatrieme année ; mais ayant eu depuis
d'autres Mûriers à faire dépouiller au même
âge, je me fuis aſſuré, en fuppofant le quintal
de feuilles à 3 liv., que chaque pied à la quatrieme année commençoit à donner 18 deniers
de revenu.

A la cinquieme année, je veux dire au Printemps de 1758, mes Arbres furent loués 4 fols
le pied.

Au Printemps 1759, j'en retirai 8 fols de
chaque pied en les louant.

Au Printemps 1760, j'employai une partie
de cette feuille chez moi, une autre partie fut
louée : ce que j'employai chez moi, déduction
faite des frais de cueillette, me procura chaque
pied de Mûriers à raifon de 20 fols ; ceux que
je louai ne m'en rendirent que 12, 13 & 14.

Au Printemps 1761, j'en ufai de même,
partie de mes Arbres furent loués 20 & 22 fols,
le produit de ceux dont je confommai la feuille
fut d'environ 50 fols.

Au Printemps 1762, j'élevai des Vers à foie
chez moi ; j'en élevai à moitié produit avec des
voifins, c'eſt-à-dire, que je leur fournis la feuille, & partageai la récolte des Cocons ; j'en
louai auſſi plufieurs pieds à 30, 35 & 40 fols ;
d'autres reſterent fans être dépouillés, & j'en
profitai pour en ramaſſer le fruit & avoir des

Pepins : enfin, réuniſſant tous ces produits pour en compoſer un commun, je trouvai que chaque pied de Mûrier, à la derniere récolte, m'avoit donné environ quarante ſols de revenu. Telles ſont, Monſieur, les différentes gradations de produits que j'ai retirés de mes Mûriers dans les huit premieres années de leur Plantation.

Ces produits ne ſont dus qu'à l'eſpece du Mûrier Roſe ou d'Italie, à ſon entretien & aux bonnes Cultures dont je vous ai détaillé les pratiques : tous ces objets ſont intimement liés. Sans Culture & ſans ſoins, vous n'obtiendrez qu'une foible jouiſſance ; ſans le choix de la bonne eſpece de Mûriers, outre que les dépenſes de Plantation, Culture & entretien ſeront égales, cet Arbre ne produira pas de quoi dédommager du tort qu'il cauſera aux autres productions ſur le Champ où il ſera placé. Banniſſez donc abſolument tous Mûriers Sauvageons. Mais comme la feuille de ce dernier eſt convenable & même néceſſaire aux Vers à ſoie dans leur premier âge, formez-en des haies au ſortir du Semis, en choiſiſſant la ſemence ſur le Mûrier d'Italie ou d'Eſpagne ; cette feuille ſur les haies eſt plus printaniere, plus abondante, & plus facile à cueillir : ainſi votre récolte en Cocons ſera plus hâtive, elle ſera plus avantageuſe par le produit & par la diminution des dépenſes. Quant à la qualité des Cocons & des Soies, relativement à notre climat & à l'eſpece du Mûrier Roſe, voyez le Détail des Expériences que j'ai faites, & dont j'ai ren

E iij

du compte à la Société d'Agriculture de Lyon dans un Mémoire imprimé en 1761.

Je ne dois pas négliger de vous parler encore d'un autre avantage que vous retirerez du Mûrier Rose ou d'Italie, c'est celui de sa seconde feuille, pour la nourriture des bestiaux de vos Domaines. Cette seconde feuille ne veut point être cueillie sur l'Arbre, il y auroit du danger à l'en dépouiller; il faut attendre les premieres gelées & les premiers brouillards de l'Automne, alors elle tombe d'elle - même, quelquefois dans une seule journée, suivant l'exposition de la Plantation. Pour accélérer la dépouille de cet Arbre, l'on peut y aider en secouant légérement ses branches; on occupe des femmes & des enfants à la ramasser, & on la laisse dans le Champ se sécher un ou deux jours, après quoi on peut la conduire dans le Domaine, & mélant cette feuille aussi-tôt avec de la paille de froment ou de seigle, elle se soutient, ne s'échauffe point, & procure aux Bœufs & aux Vaches une nourriture très - saine & qui est fort à leur goût. Je n'ai point négligé chez moi cet objet d'économie, qui m'a tenu lieu des seconds foins dont on a été privé dans les deux der-nieres années, mes bestiaux en ont été nourris pendant les Hivers, & les Vaches n'ont point cessé de donner beaucoup de lait.

Un autre produit, est celui que vous retire-rez de la taille de vos Arbres; mille pieds de Mûriers à l'âge de dix-huit à vingt ans, four-niront par le bois nécessaire à leur ôter chaque

année , tout celui qu'un fort Ménage pourra
confommer pour fon chauffage & fa cuifine.

Le bois de Mûrier eft très-propre au furplus
à la menuiferie , au charronage , &c. En Languedoc & en Provence , il s'emploie pour les fu-
tailles de vin & d'huile. L'on ne doit cependant
pas diffimuler que celui du Mûrier Sauvageon
ne foit pour ces derniers ufages plus convenable.

Quant au produit des haies ou paliffades de
Mûriers , il me feroit affez difficile de l'appré-
cier, l'on n'eft point en ufage de louer ces fortes
de parties ; cependant , comme je l'ai obfervé ,
il ne faut pas que par économie l'on veuille
confommer toute cette petite feuille , pour n'attaquer celle des Arbres que fur l'arriere faifon
du Printemps ; nous répétons que ces Arbres
en fouffriroient & n'automneroient pas , ce
qui vous priveroit de beaucoup de feuilles l'année d'après : il convient donc que dès les premiers jours de Mai vous ceffiez la cueillette
des feuilles fur les haies. C'eft dans une cir-
conftance pareille qu'une femme de mon Village , qui élevoit des Vers à foie & qui n'a-
voit que des enfants en bas âge pour ramaffer
la feuille , me propofa de lui louer le furplus
d'une haie dont je ne faifois plus ufage ; je
confentis d'autant plus volontiers à ce qu'elle
me demandoit , que j'entrevoyois que ne ven-
dant pas cette feuille elle me feroit volée , mais
je fus embarraffé fur ce que je devois lui en
demander : je lui propofai de m'en donner ; l.
par quarante pieds de longueur ; elle y con-
fentit , & n'y perdit pas, Je fis avec cette fem-

me le même marché l'année suivante ; cette
haie avoit environ trois à quatre pieds de hauteur pour lors , & cinq à six années de Plantation. Voilà, Monsieur , de quoi vous régler à-
peu-près sur le produit des haies ou palissades ;
ce produit est comme celui des Arbres en proportion de la quantité de feuilles , & plus encore de la difficulté & du temps à employer pour
la ramasser.

Par ces mêmes raisons le produit des Arbres
nains sera considérable. Ces Arbres plantés à
demi-pied seulement de tige & étant greffés ,
rassemblent tous les avantages que l'on doit
espérer du Mûrier. Une feuille abondante est
facile à cueillir , aussi en ai-je loué dès la seconde année de leur Plantation 4 sols par chaque
pied. Vous avez oui parler , Monsieur , de semblables Plantations faites à Aubenas, où un seul
Particulier a su , dit-on , se procurer trois mille
liv. de rentes sur un Champ en Mûriers nains,
qui , six années auparavant , ne lui rapportoit
pas deux cents livres. Que ne peut point l'industrie , aidée par de bonnes pratiques !

Je m'arrête, Monsieur , où finissent les Questions que vous m'avez fait l'honneur de me pro-
poser. Je desire que vous soyez satisfait de mes
Réponses ; j'aurois pu les étendre davantage ,
mais elles auroient présenté plus d'étude que
de pratique ; & j'ai pensé que votre seul objet
étant d'instruire les gens de votre Campagne ,
ils n'avoient besoin que de préceptes simples.
Si cependant ils ne leur suffisent pas , ou que

vous trouviez que je ne me fois pas affez ex-
pliqué, je vous prie de continuer à me faire
part de vos doutes, vous me trouverez toujours très-empreffé à concourir avec vous au
fuccès de vos Plantations.

J'ai l'honneur d'être, avec un très-refpec-
tueux attachement,

MONSIEUR,

Votre très-humble & très-
obéiffant Serviteur.

OBSERVATIONS

Sur la Culture des Mûriers & l'Education des Vers à Soie.

LA Culture du Mûrier est un autre objet d'industrie qui n'exige qu'une très-foible dépense ; il est peu d'habitants à la Campagne qui ne puissent en placer douze ou quinze près de leur maison, dans leur cour, dans leur jardin. Si l'on peut exciter cette industrie, cet objet seul dans dix années paieroit les impositions du village, procureroit la plus grande aisance aux Cultivateurs, occuperoit les femmes & les enfants, & assureroit au Royaume une matiere premiere, si nécessaire à ses Manufactures ; mais les préjugés contre cette Culture se sont toujours opposés à ces progrès. L'expérience que nous fîmes en l'année 1761 d'élever des Vers à soie en plein air, convaincra, par le succès qu'elle a eu, que quelques soins que cet insecte demande ordinairement, ils ne sont pas aussi grands que l'on doive s'en effrayer ; puisque sans soins, & même sans abri, on obtient une récolte. Nous rendrons compte aussi des observations que nous avons faites sur la nature & le produit des Cocons dans cette Province, comparé à ceux du Languedoc & du Comtat.

M. Pluche, Auteur de l'Ouvrage qui a pour

titre, *Spectacle de la Nature*, tom. I. page 66
& suivantes, rapporte qu'ayant fait mettre un
» nombre de Vers à soie sur des Mûriers placés
» sous les fenêtres de son cabinet, ils y réussirent
» très-bien, sans qu'il s'en mêlât le moins du
» monde; que l'on suit cette pratique à la Chine,
» au Tunquin & dans d'autres Pays chauds; que
» ces chenilles, devenues papillons, choisissent
» sur le Mûrier un endroit propre pour y poser
» leurs œufs, qu'ils les y attachent avec cette
» glu dont ils sont pourvus; que les œufs pas-
» sent ainsi l'Automne & l'Hiver sans danger,
» & que la maniere dont ils y sont colés, les met
» à couvert d'une gelée qui quelquefois n'épar-
» gne pas les Mûriers mêmes. Le petit animal
» confié ainsi aux soins d'une Providence tendre
» & affectionnée, ne sort point de son œuf qu'il
» n'ait été pourvu à sa subsistance & que les
» feuilles ne commencent à sortir de leurs bou-
» tons. Les feuilles venues, les vermisseaux per-
» cent leurs coques, & se répandant sur la ver-
» dure, grossissent peu-à-peu, & posent au bout
» de quelques mois sur le même Arbre de petits
» paquets de fils de soie, qui paroissent comme
» des pommes d'or au milieu du beau verd qui
» les releve. Cette façon de les nourrir est la
» plus sûre pour la santé, & celle qui coûte le
» moins de dépense. Mais, ajoute M. Pluche,
» l'air inégal de nos climats rend cette méthode
» sujette à bien des inconvénients qui sont sans
» remede. Il est vrai, continue-t-il à dire,
» qu'avec des filets ou autrement, on peut pré-
» server les Vers des insultes des oiseaux; mais

» les grands froids qui surviennent souvent
» tout d'un coup après les premieres chaleurs,
» les pluies, les grands vents enlevent & per-
» dent tout. C'est pourquoi il conseille de con-
» tinuer à prendre le parti de les élever dans
» des chambres.

C'est sur ce rapport, que nous avons cru fidele, que sans trop nous arrêter aux inconvénients de cette pratique, nous avons essayé de la suivre. On ne peut trop, dans toute espece de récolte, chercher à en abréger les travaux & diminuer la dépense, pourvu que cette économie ne porte pas jusqu'à en diminuer les produits.

Au 15 Avril 1761, les Vers à soie étant sortis de leur premiere mue, nous en fimes répandre environ & au plus 1200 sur des palissades de Mûriers taillés à hauteur d'appui, qui séparent le parterre de la maison du reste de l'enclos. Ils y ont été exposés à toute l'intempérie de la saison, qui, ayant été très-froide dans les commencements & fort orageuse dans la suite, ne nous laissoit que bien peu d'espérance de les voir réussir. Nous les visitions plusieurs fois dans le jour, & particuliérement dans les temps d'orages & de pluies. Nous n'avons point apperçu qu'ils cherchassent à s'en garantir en se plaçant au dedans de la palissade & sous quelques feuilles. Ils essuyoient ces mauvais moments dans la même place où ils en avoient été surpris, restant sans mouvement. L'orage passé, ils se remuoient avec beaucoup d'agitation, & dévoroient la feuille, quoique mouillée.

Le froid, la chaleur, l'humidité & le tonnerre n'ont pas paru faire fur eux l'impreſſion
que l'on auroit craint. Aucuns n'ont été attaqués de ces maladies dont nous cherchons avec
tant de foin & de dépenſe à les garantir. Aucuns
ne font devenus ce que l'on appelle Vers *gras*,
Vers *maigres*, autrement *paſſis* ou *arpettes*,
Vers *jaunes*, Vers *Muſcadins*, &c. Je les ai
toujours vus au contraire de la plus grande
blancheur. Cependant le temps de leur mue a
été retardé, & plus long qu'il n'eſt ordinairement dans les chambrées, mais toutefois fans
accidents, relativement à la pratique que nous
fuivions, fur laquelle voici les inconvénients
que nous avons éprouvés.

Une majeure partie eſt périe faute de nourriture, ou plutôt pour n'avoir pas eu l'inſtinct
de quitter la place où ils n'avoient plus à manger, pour en chercher en s'étendant au long de
la paliſſade.

Beaucoup auſſi ont péri par les orages & coups
de grêle qui les ont abattus fous la paliſſade, &
fur laquelle ils n'ont pas eu aſſez de courage
pour remonter. Cet inconvénient nous paroît le
plus difficile à remédier, les foins entraîneroient
trop de détails & peut-être feroient-ils fuper-
flus, parce qu'il y a lieu de croire que jetés ainſi
à terre, ils en étoient bleſſés.

Quant à la néceſſité de les transporter d'un
lieu où ils n'ont plus de feuilles fur un autre où
ils en trouveront, il ne s'agit que d'une très-
légere attention, dont l'exécution feroit prompte
& peut être confiée à un enfant. D'ailleurs elle

ne feroit pas répétée deux ou trois fois dans le courant de leur vie. Nous fûmes la même expérience en 1762 : nous en parlerons bientôt. Mais dans celle dont nous rendons compte aujourd'hui, nous leur avons été impitoyables, autrement nous n'aurions pu à la récolte diftinguer ce qui auroit appartenu à nos foins avec ce que nous attendions de la nature.

Quant aux oifeaux, nous n'avons pas apperçu qu'ils aient occafionné une grande diminution à la récolte. Cependant l'endroit où ils étoient expofés étoit voifin des toits de la maifon fur lefquels pullulent les moineaux.

Enfin, en réuniffant tous les différents objets de perte, nous avons trouvé qu'ils pouvoient être calculés au plus aux deux tiers.

RÉSULTAT.

Nombre de Vers mis après leur premiere mue fur les paliffades. . 1200

Récolté 450 Cocons tous petits, fermes & bien tiffus, ci, ... 450
____

                Perte . . . 750

Ces 450 Cocons ont pefé au poids de Lyon qui eft de 14 onces égales à celles de marc, 2 liv. & demie, & ont donné à la filature 3 onces 4 deniers, de la plus belle foie qui ait jamais été recueillie en France.

Nous ne devons pas négliger d'obferver que dans le nombre de 450 Cocons, nous n'en avons trouvé qu'un feul fatiné, & aucun de double ; ainfi ils n'ont fait au tour & à la baffine aucun déchet.

Il résulte de cette expérience, 1°. que nous avons perdu les deux tiers de nos Vers ; que cette perte, qui peut paroître bien considérable à quelqu'un qui n'est pas en usage d'élever des Vers à soie, n'est cependant que trop ordinaire & même toujours infiniment plus forte dans les chambrées ; puisque si ces derniers réussissoient tous, comme nous voulons le supposer pour ceux élevés en plein air, y en ayant dans l'once que l'on fait éclorre 42 mille, il faudroit que chaque once de graines de Vers à soie produisît 240 à 250 livres de Cocons ; cependant soit en Provence, soit en Languedoc, Comtat & Dauphiné, l'on estime la récolte très-bonne lorsqu'elle en donne 50 livres, ce qui établit une perte des quatre cinquiemes.

2°. Que les Vers à soie qui ont péri ont été perdus par accidents, & non par maladies, ce qui pourroit faire espérer que dans une année moins orageuse l'on réussiroit mieux, sur-tout avec l'attention de n'en point laisser mourir faute de nourriture.

3°. Que cette récolte, pour le moins équivalente à une des meilleures qui se soit jamais faite dans les chambrées, n'a exigé aucuns soins, aucun travail, aucunes dépenses ; qu'elle est une preuve non équivoque de la bonté de notre climat pour ce genre de culture & d'industrie ; & enfin, une certitude que l'on peut élever des Vers à soie, (au moins dans des chambrées) par-tout où l'on peut cultiver avec quelque succès le Mûrier.

Cette expérience en 1762 n'a eu aucun suc-

cès , ce qui n'a pu être attribué à la faison ,
mais à une très-grande quantité de léfards que
les chaleurs & le fec de l'année avoient fait jeter dans les paliſſades de Mûriers où étoient les
Vers à foie ; cette pâture les y entretint , fans
qu'il fût poffible de les en fortir , en forte que
ces Vers y furent dévorés avant le temps où ils
auroient formé leurs Cocons. Cet accident ,
auquel on ne fauroit parer , réduit tout le bénéfice de cette tentative au feul but que l'on
avoit eu en vue en 1761 , c'eſt-à-dire , à prouver que les Vers à foie pourront être élevés avec
avantage dans le Lyonnois , puiſqu'ils ont réuffi
même en plein air.

Il y a peu d'années que l'on eſt perfuadé
dans cette Province que l'on peut y cultiver
avec fuccès cet Arbre. Cette perfuafion n'eſt pas
même encore générale ; en forte que , quoiqu'il
y réuffiffe très-bien , il n'eſt point auffi abondant
qu'il feroit à defirer qu'il le fût. Ce qui en a arrêté les progrès , c'eſt que l'on n'y connoiſſoit
pas la meilleure eſpece de Mûrier ; l'on ne s'é-
toit attaché qu'au Mûrier Sauvageon & à quelques Mûriers à la grande Feuille. Le premier fe
coëffe mal , il vient en buiſſon ; fa feuille eſt
dentelée , petite , peu nourriffante & diſpen-
dieufe à ramaffer : la feuille du fecond eſt trop
dure , & les Vers à foie la rebuttent ; enforte
que d'une part , l'on n'avoit que des Arbres
d'une mauvaife forme qui donnoient peu de
revenus ; & d'autre part , des Arbres dont on
ne pouvoit faire ufage avec avantage pour la
nourriture des Vers.

Le

Le temps, qui amene tout, a fait connoître le Mûrier Rose. Cet Arbre est enté d'une feuille que l'on nomme d'Italie, beaucoup plus grande que celle du Mûrier Franc & Sauvageon, mais beaucoup moins que celle d'Espagne connue sous le nom de la grande feuille : celle du Mûrier d'Italie est aussi tendre que celle du Mûrier franc; elle est extrêmement aisée à ramasser, parce que la Greffe, comme l'on fait, perfectionnant la feve, fait pousser à cet Arbre des branches longues & droites, qui ne se buissonnent jamais; de maniere que l'on aura plutôt ramassé dix sacs de feuille de cette espece, que l'on ne pourroit dans un même temps en ramasser un seul sur le Mûrier Sauvageon. Cette feuille est aussi plus nourrissante que celle du Mûrier Franc. L'usage que j'en fais m'ayant fait connoître que dans les jours où les Vers demandent le plus de nourriture, il suffit, dans l'espace de vingt-quatre heures de leur en donner trois à quatre fois, tandis qu'il est d'usage de donner six fois de la feuille du Mûrier Sauvageon dans le même espace de temps. Cette espece de Mûriers nous est parvenue du Piémont : nos Provinces Méridionales ont été les premieres qui en ont joui, & qui nous l'ont fait passer.

C'est à des relations que j'avois dans le Bas-Dauphiné, la Provence & le Languedoc, que je dois la connoissance de cette espece de Mûriers. Un séjour que j'ai fait depuis dans ces Provinces, m'en a confirmé tous les avantages, & m'a convaincu que l'on n'y cultive aucun autre Mûrier. Les Pépiniere sque je commençai à en former en 1754, en ont déjà procuré plus de douze mille pieds dans la Province, sans y comprendre toutes les greffes que j'ai remises pour enter des Mûriers Sauvageons, à quoi mes Jardiniers se sont occupés chez tous ceux qui l'ont souhaité.

Comme il s'agissoit de convaincre le Public que cette espece de Mûriers étoit non seulement la meilleure, mais la seule à laquelle il dût s'attacher, Monsieur le Contrôleur général, pour lors Intendant de Lyon, fit publier en 1755 une Instruction, à laquelle il voulut bien que j'eusse quelque part. Cette Instruction a eu du succès. C'est aussi pour l'entretenir que nous allons rendre compte de quelques opérations bien capables d'augmenter la confiance, & sur-tout de faire connoître avec quel avantage la Culture des Mûriers se fera dans cette Province.

Les meilleures pratiques souffrent des contradictions; aussi quelques personnes, en admettant que l'espece de Mûriers, dont nous venons de parler, est d'un meilleur produit pour les Propriétaires, & confondant cette espece avec celle du Mûrier à la grande Feuille, prétendent que les vers nourris par sa feuille ne donnent pas une soie d'aussi belle qualité que celle que l'on retire du Mûrier Sauvageon. En vain oppose-t-on l'exemple du Piémont, du Comtat, du Languedoc & du Bas-Dauphiné, le préjugé ne veut rien approfondir de ce qui lui est contraire; la question demeure dans cet état d'incertitude, sans que la contradiction l'ait éclaircie. D'autres personnes, quoique convaincues que le climat de cette Province est propre aux Vers à soie, ne peuvent se persuader que nous puissions nous attacher à cet objet avec autant d'avantage que les Provinces Méridionales, surtout relativement à la qualité de la soie & aux produits des Cocons.

L'on pourroit répondre à ces deux objections par des raisonnements plus solides que ceux que l'on emploie pour les établir, mais nous avons cru devoir préférer la voie de l'expérience, qui est toujours la plus sûre.

Pour cet effet, nous avons acheté des Cocons de la meilleure espece dans notre village, & dans beaucoup d'autres du Lyonnois, provenant de Vers à soie élevés & nourris avec la feuille de Mûriers Sauvageons.

Nous avons aussi fait acheter plusieurs quintaux de Cocons dans le Comtat & dans le Languedoc. Les personnes chargées de ces achats avoient ordre de s'attacher moins au prix qu'à la meilleure qualité. Nous avons été très-bien servis; & ces Cocons nous sont parvenus, par les précautions que l'on a prises, en très-bon état.

Nous avons donc pu comparer les Cocons provenants du Mûrier Sauvageon contre ceux recueillis avec la feuille du Mûrier Rose ou d'Italie, & ceux du Comtat & du Languedoc contre ceux de cette Province récoltés avec la même feuille d'Italie.

RÉSULTAT.

Pour connoître dans le principe la différence

des Cocons provenants du Mûrier Sauvageon, nous en avons pelé féparément plufieurs livres, après quoi nous avons compté combien il falloit de Cocons en nombre pour former la livre, nous avons trouvé qu'il y en entroit 240 à 250.

Nous avons fait la même opération pour les Cocons provenants de nos Mûriers à la feuille d'Italie, & nous avons vu que 190 Cocons en nombre, ont formé la même livre de Cocons.

Comme dans cette opération, il pouvoit fe faire qu'il y eût moins de Cocons doubles d'un côté que de l'autre, & que ceux-ci renfermant deux chryfalides, font plus gros & plus pefants, nous les avons féparés dans l'une & l'autre de ces parties. Le réfultat à été dans la même proportion; c'eft-à-dire, qu'il a fallu 204 des uns contre 270 des autres.

Ce premier fait ainfi établi, commence à prouver beaucoup en faveur des Vers à foie élevés avec la feuille d'Italie, puifque 204 Vers à foie nourris par cette feuille ont fuffi pour former une livre de Cocons, tandis qu'il en a fallu 270 de ceux élevés avec le Sauvageon. L'on ne refufera pas de convenir qu'il y a grande apparence que les premiers étoient plus fournis en foie que les feconds. Cependant comme l'on pourroit encore objecter le poids différent de la chryfalide, il faut ne fe rendre qu'au produit des Cocons à la filature.

Nous avions fait venir du Languedoc deux des plus habiles fileufes d'un tirage qui fe fait au Saint-Efprit : c'eft à ces femmes que nous avons confié la filature de ces Cocons; & pour que l'on ne pût oppoſer que l'une étoit plus habile que l'autre pour filer avec moins de déchet , elles ont filé chacune des uns & des autres. Ces opérations ainſi répétées pluſieurs fois , il en a réſulté que 10 livres de Cocons provenants de nos Mûriers d'Italie ont produit une livre de ſoie propre à être montée en organſin & tirée de 4 à 5 Cocons.

Il a fallu au contraire 12 livres & demie de Cocons provenants du Mûrier Sauvageon , pour former la même livre de ſoie tirée au même brin.

Nous obſerverons que nous nous ſommes ſervi du poids de Lyon , qui n'eſt que de 14 onces relativement au poids de marc.

Quant à la qualité de l'une & de l'autre ſoie , elle a été trouvée parfaitement égale. C'eſt le jugement qu'en ont porté pluſieurs Négociants que nous avons conſultés : elle s'eſt vendue d'ailleurs au même prix.

Ces différences proviendroient-elles de la nature même du Ver à ſoie , toutes choſes égales du côté de la nourriture ? Nous répondrons qu'ayant remis à M. le Préſident de Fleurieu de la même graine de Vers à ſoie que la nôtre , il l'a fait éclore dans ſa Terre d'Herieu en Dauphiné ; les Vers ont été nourris avec de la feuille de Mûrier Sauvageon ; & nous ayant remis ces Cocons pour les faire filer par les mêmes fileuſes , nous avons reconnu même différence pour le produit des Cocons , & même qualité pour la ſoie. Ces Cocons nous furent envoyés après avoir été fournoyés , & nous les oppoſâmes à même quantité des nôtres qui avoient également paſſé au four

A l'égard des Cocons du Languedoc & du Comtat, nous aurions bien souhaité pouvoir commencer nos épreuves, en comptant combien il falloit de Cocons en nombre pour en former une livre ; mais comme ils ne purent nous être adressés qu'après avoir été à l'étuve, il fallut se contenter d'en connoître & d'en rapprocher les produits contre celui des nôtres à la filature : il est fort à présumer que la faveur du calcul auroit été du côté des nôtres, puisqu'il a fallu 13 livres de ceux du Comtat & 13 livres & demie de ceux du Languedoc pour former la même livre de soie, dans laquelle on a vu que 10 livres de ceux que nous avions récoltés avoient suffi pour composer la même livre, toutes ces soies filées au même brin. Quant à la qualité, pour en bien juger, nous rapporterons que la soie du Lyonnois montée en organsin ne s'est trouvée peser que 28 deniers, tandis que celles du Comtat & du Languedoc vont à 34 & 36 deniers.

Il résulte donc de toutes ces opérations dans lesquelles nous supprimons beaucoup de détails, & que nous ne faisons qu'indiquer à de plus habiles Observateurs que nous ; il résulte que les Vers à soie nourris avec la feuille du Mûrier d'Italie donnent une soie aussi belle que ceux que l'on éleve avec le Mûrier Sauvageon ; que les premiers forment des Cocons mieux tissus & plus abondants en soie, & que le Mûrier d'Italie est, à tous égards, l'espece que l'on doit le plus accréditer dans nos Campagnes.

Enfin, il résulte que les Cocons récoltés dans

le Comtat & dans le Languedoc font inférieurs aux nôtres pour le produit en foie, & pour la qualité même de la foie.

Ces expériences que nous croyons neuves méritent d'être répétées ; elles juſtifient quant-à-préſent tout ce que nous avons avancé, & doivent d'autant plus intéreſſer qu'elles prouvent combien il eſt aiſé, en encourageant la Culture du Mûrier, d'enrichir cette Province, qui, par la nature du fol & par fon climat, lui eſt abſolument propre.

F I N.

APPROBATION.

J'Ai lu par ordre de Monſeigneur le Chancelier, un Manuſcrit qui a pour titre : *Mémoire fur la Culture du Mûrier ;* & je crois que cet Ouvrage mérite par ſon utilité d'être imprimé. A Lyon, ce 30 Avril 1763.

Signé, POIVRE, de l'Académie des Sciences, Belles - Lettres & Arts, & de la Société Royale d'Agriculture de Lyon.

La Permiſſion du Sceau ſe trouvera à l'*Inſtruction fur les Vers à foie.*

REGLES faciles & fondées sur plus de trente ans d'expérience, pour semer, planter, élever promptement les Mûriers, & leur faire porter une plus grande quantité de feuilles; Traduites de l'Italien par M. PINGERON, Capitaine d'artillerie au service de Pologne.

QUOIQUE l'Auteur connût très-bien les Ouvrages qui ont traité de la culture des Mûriers, il ne s'est point cru dispensé d'écrire sur cette matiere, ayant remarqué dans beaucoup d'endroits de l'Italie que les vrais principes de cette culture étoient absolument négligés, soit par la paresse des Propriétaires, soit par l'ignorance des Cultivateurs. On ne prend, dit-il, aucune précaution pour semer les Mûriers, & encore moins pour les diriger dans leur jeunesse, quoique cette branche de l'Agriculture soit si nécessaire & si utile à tant d'hommes, & qu'elle doive être regardée comme les véritables mines d'or de l'Italie. L'amour du bien public a donc engagé le Citoyen de Bergame à prendre la plume pour l'instruction des Cultivateurs ignorants, & pour les inviter à ne point négliger une culture qui leur est si avantageuse. Le desir d'être utile est, dit-il dans sa Préface, le seul objet qui l'ait déterminé à écrire, & non l'envie de dicter des préceptes à ceux qui connoissent la matiere.   G

Maniere de semer les Mûriers.

ON diſtingue deux ſortes de Mûriers, les blancs & les noirs. Quoique leurs feuilles ſe reſſemblent, celles des Mûriers blancs croiſſent plus facilement, & fourniſſent une meilleure nourriture aux Vers à ſoie étant plus tendres que les autres.

Les Mûres ſe recueillent dans le mois de Juin (en Italie.) Lorſqu'elles ſont dans leur plus grande maturité, on les expoſe pendant huit ou dix jours au ſoleil, pour les faire un peu deſſécher; on met enſuite les Mûres dans un vaſe plein d'eau, & on les preſſe avec les mains afin que les ſemences s'en détachent avec plus de facilité, & qu'elles ſe précipitent au fond. On jette enſuite l'eau pour en retirer les ſemences, que l'on met enſuite ſécher à l'ombre ſur une table, pour les ſemer au premier quartier des lunes de Mars ou d'Avril.

Le terrein deſtiné à recevoir les ſemences des Mûriers doit être très-bon, purifié des mauvaiſes herbes, & un peu ſablonneux. Pour lui donner la ſeconde qualité, il eſt bon de le labourer deux fois, & de paſſer la terre à la claie. La terre ainſi préparée, doit avoir une palme de profondeur, pour que les ſemences levent avec plus de facilité. On aura enſuite la précaution de couvrir les jeunes plants, ou pourrettes, avec un peu de paille, & de les arroſer légérement pour les garantir de l'ardeur du soleil. Les Mûriers doivent être semés dans de petites rigoles, ou sillons éloignés les uns des autres d'environ deux palmes, afin que l'on puisse tenir les plants proprement, & arracher avec plus de facilité les mauvaises herbes. Lorsque les semences de Mûriers commenceront à lever, on les éclaircira un peu, afin que les jeunes plants qui restent, deviennent beaucoup plus forts & plus vigoureux, en attendant qu'on les transplante dans la pépiniere.

Pour que la tige des Mûriers grossisse le plus qu'il sera possible, on la coupera chaque année près de terre pendant l'espace de deux ou trois ans; cet espace de temps suffit pour que la tige prenne la force & la grosseur nécessaires.

Maniere de transplanter les Mûriers dans les Pépinieres.

On peut transplanter les Mûriers en toutes sortes de terreins, pourvu que l'exposition n'en soit pas trop froide; il faut cependant observer que ces arbres réussissent toujours mieux lorsqu'ils sont mis dans une bonne terre qui aura été bien préparée, que dans toute autre. Aussi-tôt que le plan sera parvenu à la grosseur d'une plume à écrire, on aura soin de placer dans la pépiniere chaque pourrette à cinq pieds de distance, & même un peu plus, les uns des autres.

On pratiquera à cet effet des fillons dans la meilleure terre, que l'on laboutera d'abord, & que l'on engraiffera enfuite avec du fumier confommé. On arrachera les jeunes plants qui fe font défféchés, par la raifon que leurs racines étoient trop à découvert. Avant que de replanter les Mûriers, on coupera plus de la moitié de la racine, afin que le jeune plant pouffe d'autres racines, qui, venant à s'étendre, lui donnent plus de vigueur, & facilitent les moyens de l'enlever fans aucun rifque lorfqu'on voudra le transplanter. Il faut avoir foin de bécher deux fois la terre autour de chaque plant, & d'arracher les mauvaifes herbes la premiere année qu'ils ont été mis dans la pépiniere. Pendant l'Eté on arrofera les plants fur le foir, fi le temps eft trop fec, & l'on évitera de le faire pendant l'ardeur du foleil. Ce défaut de précaution cauferoit la perte entiere des Mûriers qui font d'une nature très-délicate. L'année fuivante, au premier quartier de la lune de Mars, fi le temps eft ferein, on coupera les jeunes plants près de terre au deffous de l'œil (*a*), le plus bas qu'il eft poffible ; on fichera en terre les petites branches qu'on a tirées de cette coupe, à trois doigts de diftance de ce qui refte du plant. Cette précaution fert à garan-

____

(*a*) Endroit d'où fortent les branches.

tir le jeune plant des coups de beche lorfqu'on remuera le terrein, ce qui doit fe faire
auffi-tôt après cette opération. Pour remédier d'une maniere plus fûre à cet inconvénient, il vaudra mieux commencer par bécher
le terrein de la pépiniere.

Si le tronc du petit Mûrier pouffoit plufieurs branches, il faudroit couper celles qui
font les moins belles, pour n'en laiffer qu'une
feule. Lorfque le jeune Mûrier fera parvenu
à la hauteur de trois ou quatre pieds, il
fera à propos de détruire tous les petits
Bourgeons qui fortent le long de la tige;
on prendra la même précaution jufqu'à ce
que les Mûriers foient parvenus à la hauteur d'un homme, parce que la feve ne
doit point fe répandre inutilement dans les
bourgeons; il faut qu'elle fe porte au contraire dans la tige, & qu'elle s'y fixe pour
la rendre la plus groffe & la plus haute,
en moins de temps qu'il eft poffible.

Vers le mois de Juillet, ou dans les premiers jours du mois d'Août, lorfque la tige
du Mûrier fera parvenue à la hauteur dont
nous avons parlé, on coupera la tête de
l'arbre, ou ce qui eft le même, *l'œil du
fommet*. Il arrivera pour lors que la tige
pouffera quelques bourgeons dont on en con-
fervera trois ou quatre, jufqu'à ce qu'elle
foit plus groffe, & capable de pouvoir être
replantée, ce qui arrive ordinairement au
bout de quatre ou cinq ans. La raifon de
cette opération eft fondée fur ce que les

trois ou quatre petites branches que l'on a
laiſſées chargent la tige également, ce qui
la tient droite ; elles s'embraſſent réciproque-
ment & pouſſent pluſieurs yeux qui ſont
abſolument néceſſaires pour la greffe. ——— Si
les tiges des Mûriers n'étoient point parvenues à la hauteur requiſe, ſoit par l'intempérie de la ſaiſon, la grêle, ou par défaut
de nourriture, on les coupera près de terre
au mois de Mars ſuivant, & on les gouvernera comme on a dit.

Au contraire, en ne coupant point la tête de
l'arbre, il arrive l'année ſuivante que la tige
s'éleve toujours, & qu'elle devient preſque in-
capable de pouvoir être replantée, pour deux
raiſons. 1°. Parce que n'ayant point d'yeux
à la hauteur preſcrite, on ne ſauroit la
greffer facilement. 2°. Le poids des feuilles
d'un ſeul rameau, & l'effort qu'elles font
lorſqu'elles ſont agitées par les vents, cour-
bent la tige. On ſe voit alors obligé de la
couper par le milieu quand on la veut replanter, au riſque de la faire mourir, ce qui
arrive très-ſouvent. Lorſque les tiges ſont
enfin parvenues à la groſſeur du doigt environ, il eſt bon de les attacher à de petites
perches fichées en terre pour les tenir bien
droites. Ces petites perches, ou *tuteurs*, ſeront
diſpoſées en palliſſade. On aura ſoin de ne
pas lier trop fortement les tiges des Mûriers,
de peur que venant à croître, les liens n'y
forment un bourrelet. Les plants de Mûriers
étant ainſi diſpoſés, on aura l'attention d'en-

lever les bourgeons, jusqu'à ce que leurs
tiges étant parvenues à la grosseur de trois
doigts de diametre, on puisse les replanter.

*Maniere de replanter les Mûriers, & les
élever promptement.*

Vous ferez pendant les mois de Novembre & de Décembre des trous d'environ une
brasse & demie de largeur sur une brasse de
profondeur, en tous sens. Vous aurez soin de
faire jeter la moitié de la terre que vous
devez tirer de l'excavation des deux côtés de
l'ouverture ; vous en formerez à peu près
deux tas égaux ; vous ferez la même chose
à l'égard de la moitié des terres qui restent
à enlever ; vous apporterez dans le voisinage la quantité nécessaire de fumier, de sarment & de saule désséché, ou de chêne.

Lorsque le temps est sec, & que la saison
où la seve commence à monter est venue,
c'est-à-dire, vers la fin de Mars ou vers les
premiers jours d'Avril, vous ferez enlever
les plants de Mûriers de la pépiniere, &
vous aurez grand soin qu'on n'endommage
pas les racines.

Si les racines principales étoient trop profondes dans la terre, & qu'on se vît obligé
de les couper pour ne pas les rompre, on
fera cette opération le plus avant en terre
qu'il sera possible. Enfin, si l'on est dans la
nécessité de couper une racine, parce qu'elle
a été rompue ou maltraitée, on aura tou-

jours égard d'en séparer la partie offensée, mais sans toucher à la partie de la racine qui est encore saine & propre à la végétation. ———— On doit seulement couper la partie la plus grosse entre les principales, quand cela peut se faire sans porter préjudice au chevelu ; ce sont ces dernieres qui fournissent la nourriture à la plante. On ne sauroit les en séparer sans courir les risques de perdre la plante, ou de la voir croître moins belle. Après avoir exécuté ponctuellement ce qu'on vient de dire, on coupera près de la tige les trois ou quatre rameaux qu'on a laissés près de la tige, & dont on a parlé dans le chapitre précédent. On aura cependant grande attention de ne point offenser les œilletons qui se trouvent au haut de la tige près des rameaux dont nous avons parlé ; ces œilletons doivent servir aux greffes des années suivantes. Il faut observer que la coupe des branches ou de la tige des arbres soit unie & inclinée, de peur que l'eau ne vienne à s'y arrêter, & ne nuise à l'arbre.

On jettera ensuite au milieu des trous destinés à recevoir les Mûriers, la premiere terre que l'on en aura tirée, & qui sera la plus seche. On la mêlera avec du fumier consommé, & non pas neuf ; on formera avec cette terre ainsi preparée une espece de banc circulaire aussi large que l'espace que couvriroient les racines : ce banc sera assez élevé pour qu'il ne s'en manque plus qu'un

quart de braſſe , afin qu'il ſoit au niveau
du terrein. On mettra le plant ſur cette
eſpece de banc , & l'on étendra le chevelu
des racines d'une maniere convenable. Cette
ſage précaution empêchera que les racines
ne s'embrouillent lés unes avec les autres
en groſſiſſant , & ne cauſent la mort du Mûrier. En effet , il m'eſt arrivé de faire arracher des plants morts , & de trouver leurs
racines tellement unies & mêlées enſemble ,
qu'elles ſembloient n'en former qu'une ſeule.

On peut comparer les racines d'un arbre
aux ruiſſeaux , dont le grand nombre forme
des fleuves en ſe réuniſſant ; de même, plus
les racines d'un arbre ſont nombreuſes ,
mieux l'arbre réuſſit ; elles reçoivent de la
terre , & des autres éléments , les ſucs nourriciers qu'elles fourniſſent à l'arbre ; ſi elles
ſe trouvent embarraſſées , elles ne pourront
recevoir qu'une petite quantité de ſeve de
la terre ; au contraire , ſi elles ſont bien
ſéparées , le ſuc nourricier abondera de tous
les côtés , & le plant de Mûriers deviendra
très-gros & très-vigoureux en peu de temps.

Les racines ayant été bien arrangées , on
les couvre d'abord avec de la terre ſembla-
ble à celle ſur laquelle on les a placées , on
y met enſuite du fumier ; enfin on jette au
pied de l'arbre des plâtras , ou ruines de
murailles. Cette derniere précaution garantit
l'arbre de certains inſectes qui n'en rongent
que trop ſouvent l'écorce , & le font mourir. Ces plâtras donnent encore aux racines

la facilité de s'étendre dans le terrein , en passant par les interstices qui restent entre eux. Le bois sec , de petites branches de bouleau , la paille , & autres choses semblables , produisent le même effet. On doit les mêler avec du fumier , & en remplir , le plus qu'il est possible , ce qui reste de l'excavation. On recouvrira ensuite le tout avec le reste de la terre.

Je ne peux m'empêcher de parler ici de l'ignorance de certains particuliers qui transplantent des Mûriers pleins de nœuds vers le sommet de leur tige. Cette espece de quille qui s'endurcit , a pour cause le peu de soin qu'on a eu des Mûriers dans les pépinieres. Il est cependant certain que de pareils plants ne réussiront jamais ; qu'ils n'auront que très-peu de branches qui ne donneront qu'une très-petite quantité de feuilles. —————— Le remede dont on peut faire usage en pareil cas , est de couper toute la partie noueuse qui est vers le haut de la tige du Mûrier , & de greffer cet arbre en couronne , en approche , ou en écusson. Ce n'est point ici le lieu de parler de ces différentes sortes de greffes , puisqu'il n'y a point de cultivateur à qui elles ne soient connues. Cela étant fait , on gouvernera les branches qui auront été greffées , de la maniere que nous indiquerons plus bas pour les Mûriers qui n'ont souffert aucun dommage. Ceux-ci se greffent en écusson.

Vers la fin de Novembre on enveloppera

les tiges des jeunes plants de Mûriers avec des cordes faites de paille de seigle ; on les couvrira encore de quelques branches de genêt , pour les garantir du trop grand froid pendant l'Hiver , & de l'ardeur du soleil pendant l'Eté.

Lorsque la seve commence à monter dans les petites branches sauvages qui sortent de la tige (*b*) , cela arrive ordinairement vers les premiers jours d'Avril , ou un peu plus tard ; selon que la saison a été plus ou moins chaude : on greffera en écusson quatre ou cinq des plus belles branches , & l'on coupera toutes celles au dessous du nombre prescrit.

On doit choisir les greffes parmi les especes de Mûriers qui produisent les meilleures feuilles , telles sont les especes qu'on nomme *la Luquoise* , *l'Espagnole double* , & quelques autres. On les séparera de leurs tiges , lorsque les bourgeons commencent à pousser , & environ quinze jours avant que d'en faire usage ; on les enterrera ensuite à demi-pied de profondeur dans un endroit à l'ombre.

Les branches qui doivent être greffées , se coupent obliquement environ à quatre doigts de la tige ; on tord ensuite légérement l'écorce de la branche qui doit servir de greffe ; on

---

(*b*) On peut s'en assurer en faisant une petite incision, d'où il doit sortir un suc laiteux, si la seve est montée.

enleve de cette branche avec un couteau un
feul œil ; on fend en quatre parties l'écorce
de la branche qui doit être greffée , & l'on
y adapte la greffe. Vous aurez foin que le
tout foit bien recouvert , & que l'œil de la
greffe foit en dehors de l'arbre , & tourné
vers le ciel ; vous le changerez même , s'il
venoit à s'écarter de la fituation dans laquelle
vous l'avez placé. L'écorce de la branche
fauvage qui doit couvrir la greffe , doit être
liée vers le haut avec la plus fine écorce des
Mûriers , en laiffant cependant au bourgeon
la liberté de fe développer. Cette précaution
empêche que le fuc qui circule dans l'écorce
ne fe diffipe , & facilite à la greffe les moyens de fe répandre plus facilement. On enleve enfuite , pendant l'Eté , tous les rejetons fauvages qui pouffent autour de la greffe ,
ils abforberoient la feve qui doit fervir à
rendre la branche greffée plus forte & plus
vigoureufe.

Lorfque vous aurez greffé vos Mûriers ,
ôtez les liens de paille qui en environnoient
la tige , parce qu'ils ferviroient de retraite
à une infinité d'infectes qui caufent beaucoup de dommage aux greffes en rongeant
les rejetons. On peut remédier encore à cet
inconvénient , en formant autour de la tige
du Mûrier deux cercles de glu , à quelque
diftance l'un de l'autre. —— Recouvrez
enfuite la tige de vos Mûriers pendant le mois
de Novembre , & tenez la ainfi couverte pendant huit ou dix ans fans en ôter la paille ,

l'écorce deviendra si dure dans cet espace de temps, qu'elle pourra résister par elle-même aux excès de la chaleur & du froid.

Au mois de Mars de l'année suivante, vous enleverez avec une serpette bien aiguisée, & une petite scie, la partie de la tige qui surpasseroit les greffes ; vous enleverez de même les nœuds, les germes sauvages, s'il s'en trouve, de même que les greffes qui ont le moins réussi : vous n'en conserverez que trois branches, qui soient telles, qu'elles forment le triangle, ce qui s'entend des Mûriers sur lesquels vous aurez mis plus de trois greffes.

Si vous desirez que vos Mûriers deviennent très-beaux en peu de temps, vous enleverez avec un petit couteau tous les yeux de chaque branche, à l'exception de cinq ou six qui se trouvent à l'extrémité. La raison de cette pratique que j'ai suivie pendant plusieurs années est très simple. La seve qui seroit employée à nourrir & à faire développer les rejetons qui sont le long des branches, se porte vers l'extrémité dans le petit nombre d'yeux qui restent ; ces derniers deviennent plus forts & plus vigoureux, les branches sont alors sans nœuds, leurs rameaux peuvent s'étendre plus aisément, ce qui est de la plus grande importance pour avoir de beaux arbres.

Vers le milieu de Novembre, ou dans les premiers jours du mois de Mars de l'année suivante, vous couperez environ la quatrieme partie de la longueur de toutes les branches , & vous obferverez de les couper près d'un œil. —— Vous ôterez enfuite toutes les branches & les rameaux les plus foibles , s'il s'en trouvoit ; de cette maniere , vos Mûriers prendront dans peu de temps leur accroiffement , & leurs branches deviendront plus capables de foutenir la perfonne qui doit faire la récolte à trois feuilles. Il conviendroit cependant mieux de fe fervir de l'échelle double , que de grimper fur l'arbre. En fuivant les confeils que je viens de donner , on aura un beau Mûrier trois ans après qu'il aura été greffé.

Quelques Cultivateurs qui fe croient très-habiles , laiffent les branches de la greffe pendant cinq ou fix ans fans les couper. Ils fe trouvent enfuite obligés de prendre ce parti , foit parce qu'elles ne produifent plus de rameaux capables de porter de bonnes feuilles , foit parce que ces branches font trop courbées.

Quelles raifons peuvent-ils avoir de perdre tout ce bois que le Mûrier donne pendant cinq ou fix ans ? Pour remettre l'arbre en état de donner une grande quantité de feuilles , ne faut-il pas cinq ou fix ans ? C'eft une vérité inconteftable dont ils tomberont d'accord. D'autres coupent les branches un an après la greffe , à la longueur feulement de la quatrieme partie d'une braffe , parce qu'ils prétendent que plus la feve circule & féjourne dans la tige , plus l'arbre fe forti-

ße ; mais ils ne réfléchissent pas que de cette
branche longue d'un quart de brasse, il
sort tant de rejetons trop près des autres
qui deviennent gros, qu'il faut les couper
en partie ; le haut de la tige se couvre alors
de nœuds, & le bois qu'on coupe est une
perte réelle que souffre l'arbre. Si l'on ne
suivoit pas une mauvaise méthode, la seve
qui a nourri les branches qu'on se voit obligé de couper, se seroit portée vers d'autres
rameaux, ce qui auroit hâté l'accroissement
du Mûrier.

Si l'on adopte au contraire les principes
que je donne, & dont je me suis assuré par
des expériences réitérées, l'arbre croîtra le
plus promptement possible, & sans accident ;
il ne fera même presque aucun tort aux autres productions de la terre que l'on culti-
vera dessous (c) car plus le Mûrier est élevé, moins ses branches s'étendent pour couvrir ce qui l'environne. ——— On n'oublie-
ra pas non plus que la terre qui avoisine les
Mûriers, fournira d'autant plus de seve à
ces arbres, que l'on aura soin de la labourer pendant l'Eté, & à la fin de l'Automne,
ce qui vous procurera une plus abondante
récolte de feuilles.

(c) L'Italie est en général si fertile, que les
champs donnent en même temps quatre récoltes
différentes ; savoir, du grain, des fruits, du vin,
& des feuilles de Mûriers.

De la maniere de faire porter beaucoup de feuilles aux Mûriers.

Les plants de Mûriers font de différentes qualités. On en trouve de petits, de moyens, de grands, & quelques-uns qui font prefque défféchés.

Pour faire porter une grande quantité de feuilles aux petits & aux moyens, vous les gouvernerez comme je l'ai enfeigné dans le chapitre précédent Vous préférerez leurs premieres feuilles pour la nourriture des Vers à foie nouvellement éclos ; cette précaution vous donne la facilité de faire éclaircir les branches ; la feve fe portera pour lors en plus grande abondance dans les feuilles qui reftent, ou qui poufferont par la fuite.

Quant aux grands plants de Mûriers qui ont plufieurs groffes branches dont il ne fort plus de gros rameaux, mais feulement quelques petits rejetons, ils ne donnent que très-peu de feuilles ; ce qui arrive par le peu de foin, par l'ignorance, ou par l'avidité des Cultivateurs qui ne veulent pas fe priver de ce peu de feuilles, en les faifant élaguer tous les trois ans. Il eft naturel qu'ils fupportent une plus grande perte.

Vers la fin de Novembre, ou vers le commencement de Mars, on coupera donc une partie des branches, afin que celles qui reftent, pouffent de nouveau un plus grand nombre de rameaux, comme cela arrive.

Il

Il ne faudra pas faire cette opération après
avoir ôté les feuilles , comme font plufieurs
perfonnes , qui s'expofent à perdre le plant ,
parce que la faifon étant pour lors trop avancée , la terre ne fauroit plus fournir la feve
néceffaire pour produire des rameaux abondants ; l'arbre , d'ailleurs fe trouve trop
épuifé par la perte de fes feuilles.

Pour vous affurer de la vérité de ce que
j'avance , jetez un coup d'œil fur les plants
des Mûriers qu'on aura gouvernés de la derniere façon , foit dans les mois de Novembre ou de Mars , vous verrez qu'ils ne porteront l'année fuivante que des rameaux fort
courts & fort minces , qui ne produiront
que très-peu de feuilles. Il faut prendre patience pendant quatre ou cinq ans pour en
tirer une certaine quantité de feuilles. L'expérience m'a encore appris que de pareils
plants de Mûriers fe deffechent bientôt , deviennent noueux , & vont toujours de mal
en pis. Je crois devoir m'élever à cette occafion contre le fentiment de ceux qui , s'occupant plus du préfent que de l'avenir ,
prétendent qu'en coupant les Mûriers dans
le temps que j'ai prefcrit , ils perdront toute
la récolte des feuilles de l'année. Mais je
leur réponds , qu'en ne faifant point ce facri-
fice , ils s'expofent à une perte quatre fois
plus confidérable pour les années fuivantes ,
& à réduire leurs Mûriers dans un état fi
déplorable , qu'ils ne pourront fournir beaucoup de feuilles.

H

Les groffes & les moyennes branches ne produifent point de feuilles, ce ne font que les rameaux qui en fortent. On conclura donc que plus les branches feront écartées, & que les rameaux pourront s'étendre en plus grand nombre, plus il y aura de feuilles.

Pour que les Mûriers fourniffent le plus de feuilles qu'il fe pourra, on aura foin vers les premiers jours de Juin, lorfque les branches des Mûriers ont pouffé leurs rameaux d'environ la longueur d'une braffe, d'arracher les plus petits rejetons des bourgeons des rameaux, en laiffant cependant les plus beaux & les plus longs ; les Mûriers pouffe-ront alors une très-grande quantité de rameaux, dont vous couperez le quart de la longueur au mois de Mars fuivant. Vous aurez grand foin de les éclaircir tous les trois ans, & vous ôterez les branches noueufes & deffé-chées, & la mouffe qui s'y attache.

Il eft bon de couper environ la moitié des groffes branches des Mûriers qui com-mencent à dépérir. On choifira la faifon que j'ai preferite, & on les coupera quelquefois près de la tige, fur-tout fi les branches font de médiocre qualité ; il eft aifé de le con-noître en voyant l'intérieur de la branche qui n'a aucune folidité, & qui eft au con-traire molle & pourrie. Avant que de trai-ter les Mûriers, fuivant les regles que je viens de preferire relativement aux petits rameaux, c'eft-à-dire, avant que de les couper felon la

longueur convenable, on doit avoir foin de
remuer la terre au pied de l'arbre, ou de
couper même les premieres racines fur lefquelles on mettra du vieux fumier que l'on
recouvrira de terre. On peut fuivre la même
méthode à l'égard des autres Mûriers qui,
par ce moyen, deviendront plus forts &
plus vigoureux, & fourniront en peu de
temps une abondante récolte de feuilles.

Le plus grand dommage que puiffent recevoir les Mûriers, vient, comme tout le monde en conviendra, de la malice ou de l'i-
gnorance de ceux qui cueillent les feuilles.
Pour le faire avec plus de facilité, ils coupent & rompent les branches qui font les
plus chargées de feuilles. Les payfans qui
nourriffent des Vers à foie, fuivent fouvent
cette dangereufe méthode pour fe procurer
du bois ; ils font non feulement tort aux autres arbres, mais à leurs Maîtres qui devroient les furveiller avec la plus grande
attention.

INSTRUCTION

Sur la maniere de femer la graine de Mûrier blanc.

Extraite des meilleurs Auteurs économiques,
& des Obfervations de MM. de la Société
Royale d'Agriculture de la Généralité de
Tours, au Bureau d'Angers. Par M. l'Abbé
Cotelle, Secretaire perpétuel de cette
Société.

*Du choix & de la préparation de la terre pour
femer la graine de Mûrier blanc.*

LA premiere attention d'un Jardinier qui
veut fe livrer à la culture du Mûrier, doit
être de faire le choix d'un terrein favorable,
tant par rapport à l'expofition, que par rapport à la qualité de la terre qui doit recevoir
la graine. La meilleure expofition eft celle
qui met le Mûrier blanc à l'abri des vents
du Nord & du Nord-Oueft; ainfi celle du
Midi & du Levant lui devient la plus convenable. Ce n'eft pas qu'il ne puiffe réfifter
aux intempéries que les vents caufent ordinairement; mais comme on ne cultive cet
arbre que pour fes feuilles, qui fervent de
nourriture aux Vers à foie, ces infectes précieux qui nous fourniffent les plus belles
étoffes; on doit éviter avec foin tout ce
qui les peut flétrir au Printemps, ou en
retarder la pouffe.

Le Mûrier blanc se plaît dans les terres
franches mêlées de sables, & toutes autres
que l'on sait par expérience propres à produire toutes sortes de légumes; dans les terres
à bled, les terres noires, légeres & sablon-
neuses, & en général, en toutes terres où
la vigne se plaît, pourvu qu'elle ne soit pas
trop argilleuse ni trop compacte; c'est l'in-
dication la plus certaine pour s'assurer du
succès de son Semis ou de sa plantation.
Cet arbre ne réussit point dans les terres
trop légeres, trop arides, trop superficielles,
il n'y fait point, ou très-peu de progrès,
il craint encore plus la glaise, la craie, la
marne, le tuf, les fonds trop pierreux, les
sables mouvants, la trop grande sécheresse
& l'humidité permanente: le Mûrier pourroit
très-bien réussir le long des ruisseaux & des
fossés, mais sa feuille perdroit sa qualité,
& deviendroit nuisible à la santé des Vers à
soie, pour lesquels elle est principalement
destinée & préjudiciable à la bonne qualité
de la soie.

Par cette même raison, il faut bien se
garder de mettre le Mûrier dans les fonds
bas, les prairies & les lieux serrés & ombra-
gés; comme il demande nécessairement à
être cultivé au pied pour produire des feuilles de bonne qualité, on ne doit pas le
mettre dans les terres à sainfoin, à luzerne,
à toutes autres prairies artificielles; les terres
labourables lui conviennent par préférence,
à raison des cultures alternatives qui lui font
le plus grand bien.   H iij

Lorsque l'on a fait le choix du terrein dans lequel on se propose de semer la graine de Mûrier, on doit avant l'hiver le bien préparer par avance, en le fouillant & en le défonçant à la beche assez profondément, & en lui donnant tous les amendements convenables; la méthode la plus sûre pour réussir dans le semis d'une once de graine sur une planche qui n'exige que vingt-quatre pieds de longueur sur douze de largeur ou environ, qui doivent former neuf à dix rayons ou rangées de graines de vingt-quatre pieds de longueur à la distance de douze à treize pouces entre chaque rayon, consiste à creuser d'un côté du quarré un petit fossé de deux pieds d'ouverture & autant en profondeur & en largeur; on transporte la terre de ce premier fossé à l'autre bout du quarré, ensuite on remplit le vuide de la terre voisine, commençant par y attirer celle de la surface, laquelle tombe dans le fond de la fosse; par ce moyen la terre du dessous se trouve en dessus. On pratique ensuite un second fossé que l'on comble de la même maniere, de façon que tout le terrein se trouve retourné par cette manœuvre, en observant de rompre les mottes & de les réduire en fines molécules pendant le travail, afin de rendre la terre plus susceptible des influences salutaires de l'air.

En retournant ainsi son terrein du dessous en dessus, il faut avoir l'attention d'écarter tout ce qui est nuisible au progrès du semis,

sur-tout les racines d'arbres que l'on rencontre souvent , & celles des plantes vivaces qui
pivotent profondément telles que la parelle ,
l'ortie , le chiendent , &c.

Ce premier travail fini , vous laisserez reposer votre terrein jusqu'à l'Hiver , alors vous
en couvrirez la surface de bon fumier de cheval ou de mulet , bien vieux & bien con-
somné , le crotin de mouton , de volaille
ou de Ver à soie peut encore être employé
utilement ; vous enfoncerez alors le fumier
dans la terre avec une longue pelle , de
maniere qu'il se trouve recouvert à la hauteur
d'un pied ou environ : on ne doit plus s'occuper pendant tout le temps qui s'écoulera
jusqu'au semis , qu'à détruire les mauvaises
herbes qui pourroient croître dans le terrein
ainsi disposé.

Du temps & de la maniere de semer la graine de Mûrier blanc.

La graine de Mûrier suit ordinairement
dans sa germination la nature de l'arbre
qu'elle produit ; il est fort tardif à pousser ,
ainsi le Cultivateur intelligent doit attendre
que la douceur du Printemps se fasse sentir ,
avant de se déterminer à procéder à son
semis Le mois d'Avril est le temps le plus
favorable pour cette opération , relativement
au climat d'Anjou , on ne doit point semer
avant le vingt de ce mois , la fête de saint
Marc , qui arrive le 25 est d'ordinaire l'épo-

que la plus sûre pour faire le semis. Les tem-
péries de cette saison doivent être consultées
par préférence. En prolongeant beaucoup plus
tard cette opération , il y auroit à craindre
que les premieres chaleurs de l'Eté , ou la
sécheresse n'y fussent contraires , ou qu'en
semant de trop bonne heure , les froids du
Printemps , ou les vents roux qui soufflent
en cette saison n'y devinssent préjudiciables ;
c'est à l'intelligence du Cultivateur à suivre
à cet égard ses lumieres , & l'expérience qu'il
a pu acquérir sur la situation de son sol.

Lorsque la saison de semer est arrivée , il
faut choisir un beau jour qui soit sans nua-
ges , & où le Soleil frappe directement la
terre de ses rayons ; alors on donne avec la
pelle un profond labour au terrein qu'on a
préparé avant & pendant l'Hiver ; par cette
façon , on amene à la surface de la terre
une partie de l'engrais qu'on y avoit enfoui,
lequel se trouve mêlé & confondu l'un avec
l'autre , de maniere qu'on ne peut plus en
faire de distinction.

La maniere de disposer le terrein pour
recevoir la semence , est quelquefois relative
à la façon dont on l'arrose dans les pays
où l'arrosement ne se fait qu'à la main : on
doit diviser son terrein par planches larges
d'environ deux pieds & demi jusqu'à trois
pieds : cette division étant faite , on doit ,
avec un rateau dont les dents ne soient
espacées que d'un pouce , bien dresser les
planches , les mettre de niveau le plus qu'on

peut, & s'attacher fur-tout à rompre les petites mottes de terre, ou à les attiter dans les
paffe-pieds avec les pierrailles, les racines des
herbes, &c. & à rendre la terre le plus meuble qu'il eft poffible. Dans cet efpace, on
trace au cordeau, felon la longueur de la
planche, quatre à cinq raies pour y répandre la graine; les raies que l'on creufe avec
la main ou avec le bord d'un petit rateau,
doivent être paralelles, profondes d'un travers de doigt au plus, larges de deux pouces, & diftantes de cinq à fix pouces l'une
de l'autre.

Par cet arrangement & cette méthode qui
coûte peu de peine, on peut non feulement
farcler & arracher les mauvaifes herbes qui
pourroient croître dans le femis, mais lui
donner encore quelques petits labours entre
les rayons par le binage avec la pioche.

Si la graine que l'on fe propofe de femer
paroiffoit defféchée, il fera très-à-propos,
pour accélérer fa germination, de la faire
tremper pendant vingt-quatre heures. Un
trempis d'eau de fumier, ou de quelque
leffive de chaux ou de cendre, eft préférable à l'eau pure, fur-tout quand il eft animé
par une douce chaleur, ou qu'on expofe au
Soleil le vaiffeau dans lequel la graine trempe, après quoi on la doit laiffer s'efforer
pour qu'elle coule mieux dans la main en
la répandant. Toutes ces difpofitions étant
faites, on commence par arrofer toutes les
planches, que l'on laiffe enfuite repofer pen-

dant trois ou quatre heures après l'arrosement ; on répand ensuite la graine dans la
raie , dont le fond doit être plat , le plus
uniformément qu'il est possible ; cette graine
en sortant du trempis , se seme bien plus
facilement lorsqu'elle est mêlée avec du sable
ou de la terre fine par proportion , & se
partage aussi plus également dans les rayons ;
elle demande à être semée aussi épais que
la laitue ; une once suffit pour semer une
planche de vingt-quatre pieds de long sur
douze de large , laquelle pourra produire
quatre à cinq mille plants : quoique la graine de Mûrier soit d'un jaune foncé , on la
voit facilement sur la terre préparée , laquelle
se trouve toujours plus brune , ainsi on peut
juger lorsqu'il y en a suffisamment.

Pour recouvrir la graine , il faut se servir
de terreau de couche bien consommé , &
passé dans un crible , ou de terre qu'on
trouve dans le creux des arbres , & sur-tout
dans les saules , on répand le terreau avec
la main , sur les rayons à plusieurs reprises ,
ensorte que la graine ne soit recouverte que
d'un demi - pouce d'épaisseur au plus ; on
doit se servir pour cette opération d'un petit
brin de balai ou bien d'un petit rateau ; on
en dirige le mouvement selon la longueur de
la raie , afin que la graine ne s'écarte pas
trop au delà ; il faut sur-tout observer de
faire ce dernier ouvrage avec la plus grande
attention , comme étant le point essentiel de
l'opération , & dont dépend principalement
tout le succès du semis.

On peut encore obſerver une autre méthode dans le ſemis de la graine du Mûrier en
la répandant à plat ſur la planche, de la
même façon que l'on ſeme la graine de laitue & celle d'oignon, en obſervant que la
graine ne ſoit éloignée l'une de l'autre que
d'un pouce ou environ. On aſſure, avec la
certitude de l'expérience, que l'une ou l'autre de ces méthodes eſt également bonne ſi
elle eſt conduite avec intelligence, & ſur-tout
lorſque le terreau eſt répandu à la main ſur
la ſurface du ſemis, le plus uniformément
qu'il eſt poſſible.

Dans la germination de cette graine, la
radicule s'alonge d'abord pendant les huit
ou dix premiers jours qu'elle eſt en terre,
d'environ trois quarts de pouce de profondeur; durant ce temps, la plume qui eſt
repliée entre les lobes, monte à la hauteur
de huit à neuf lignes ou environ, en ame-
nant ſes lobes avec elle; la plume étant
enſuite quelque temps à s'en débarraſſer &
à prendre le deſſus; ſi lorſqu'elle s'éloigne
du point de liaiſon d'avec la radicule, elle
avoit une épaiſſeur de plus de huit à neuf
lignes de terre ou de terreau, elle reſteroit
deſſous entre les lobes; alors, comme il lui
faudroit encore un aſſez long temps avant
que l'action de la végétation pût la faire
monter plus haut, elle périroit faute d'air
qui l'aidât à pénétrer la ſurface; voilà ce
que des expériences réitérées ont appris, leſ-
quelles doivent régler les Cultivateurs dans

la diftribution du terreau & dans le degré
d'épaiffeur qu'ils doivent donner à la couverture de leur femis , d'où dépend le fuccès.

Procédés que l'on doit obferver après le femis de la graine de Mûrier.

La graine de Mûrier étant femée de ces
différentes manieres , & avec les précautions
que l'on vient d'indiquer , il eft néceffaire
de couvrir le femis avec de légeres claies
de paille la plus longue , comme de froment
ou de feigle , ou même avec de mauvaifes
herbes , comme la fougere , &c. Par-là , on
remédie à deux inconvéniens , l'un du côté
de la chaleur du Soleil , qui pourroit deffé-
cher le terreau jufqu'au deffous de la graine , ce qui s'oppoferoit à la germination ,
parce que là où il n'y a point d'humidité ,
il n'y a point de végétation : l'autre du côté
des arrofemens qui battroient la terre &
bouleverferoient la graine dans le temps pré-
cifément où elle commence à s'unir à la terre
& la mettroit en tas , ce qui l'empêcheroit
de lever. Les arrofemens doivent fe faire
trois ou quatre jours après le femis , & fi le
temps fe trouvoit trop fec, il fera à propos
de le faire plutôt , en obfervant de faire les
arrofemens fur les claies pour prévenir le
battement des terres ; deux ou trois de ces
claies fuffiront pour arrofer telle quantité de
graines qu'on aura femée en changeant d'un
endroit à l'autre pendant que l'on arrofera.

Ceux qui voudront s'épargner ce soin, feront bien d'avoir des arrosoirs percés extrêmement menus pour éviter l'inconvénient du battement des terres. Les arrosements doivent être faits légérement & modérément de deux ou trois jours l'un, à proportion que la sécheresse se fera sentir, & plutôt le soir que le matin.

La graine levera communément au bout de quinze jours : il faut être attentif au moment où il paroîtra quelques Mûriers naissants ; dès lors il n'y a point à différer, il faut enlever légérement votre paille ou vos claies, & nettoyer adroitement vos planches. Si on est assez heureux pour faire cette opération le matin d'un beau jour, on en doit profiter pour arroser modérément ce jour là, & le lendemain en plein midi ; en tenant la terre fraîche & un peu humide, on est assuré de voir dans deux jours toutes les planches semées brillantes d'un tapis verd, d'autant plus agréable & plus flatteur, qu'il est la récompense des soins & des attentions du Cultivateur.

La premiere attention qu'exige le Mûrier naissant, est le sarclage à la main : ce soin ne doit être confié qu'à des personnes qui le sachent bien distinguer d'avec les autres herbes naissantes ; car il se trouve souvent de mauvaises herbes qui croissent avec le Mûrier, lesquelles lui ressemblent beaucoup par la feuille & par la couleur, qui pourroient tromper les personnes qui s'occuperoient de cette opération.

Les Mûriers naiffants reffemblent affez aux laitues de leur âge, excepté que les lobes de la laitue font plus larges & plus minces que ceux du Mûrier qui fe trouvent un peu plus petits dans leur tout, & que le verd du Mûrier eft plus vif & plus tendre que celui de la laitue qui eft toujours plus pâle. Voilà des caractères diftinctifs pour ne point fe méprendre dans le farclage.

Les jeunes plants du Mûrier blanc s'éleveront dès la premiere année communément à un pied, & quelques-uns à un pied & demi: on pourra donc, & il fera même à propos dès le Printemps fuivant, au mois d'Avril, d'ôter le plant qui gêneroit & s'oppoferoit à l'accroiffement des autres ; mais il faut procéder à cette opération avec circonfpection, il ne faut pas même fe fervir d'aucun outil pour lever le plant, parce qu'en foulevant la terre, on dérangeroit quantité de ceux qui doivent refter ; le meilleur parti fera de faire arrofer largement les planches de Mûriers, pour rendre la terre meuble & douce, cela donnera la facilité de pouvoir arracher les plants avec la main, fans déranger les autres.

Le Mûrier naiffant a un ennemi bien dangereux dans le limaçon qui en eft fort friand, & qui le diftingue parmi les autres plants pour s'en nourrir de préférence. Si l'on s'apperçoit de fes incurfions, on peut faire des traînées de chaux ou de fuie de cheminée, de deux doigts de large, le long des plates-bandes, que l'on renouvelle de temps à autre afin de conserver l'activité de ces cauftiques que la fraîcheur de la nuit amortiroit à la longue. Pour fe défaire fûrement de ces infectes deftructeurs des potagers, avec moins d'embarras & de frais, on peut fe fervir de ce moyen : on place des brindilles de bois dans différents endroits des planches de légumes, ainfi qu'au pied des arbres, & par deffus un tas de mauvaifes herbes, que l'on tient fraîches en les humectant ; les brindilles doivent laiffer des ouvertures, que les limaçons prennent pour des autres dans lefquels ils fe retirent. La fraîcheur les y retient pendant le jour, le foleil échauffant trop leurs coquilles, ils ont befoin de s'en garantir : on leve les colonies de ces maraudeurs à l'heure que l'on juge à propos, & pour en affurer la deftruction fans craindre d'en reffentir la putréfaction, on les livre à la voracité des canards qui les mangent avec avidité & s'en engraiffent, fans qu'on ait befoin de les écrafer que le premier jour.

Pendant le courant de la premiere année du femis, les Mûriers ne demandent qu'à être farclés & arrofés quand ils en auront befoin, principalement dans les mois de Juillet & d'Août, & les planches demandent à être entretenues dans un état de fraîcheur : comme les fréquents arrofements pourroient battre la terre & la durcir, & priver par-là les racines de l'air néceffaire à leur végétation, il fera bon de faire de fréquents

binages entre les rayons , & près des pieds
de Mûriers ; il ne faut pas même appréhender
de couper quelques petites racines qui n'en
repousseront que mieux par la suite : en
observant exactement ce procédé , on doit
être assuré que l'on aura des Mûriers , dans
une année , de deux pieds & plus de hauteur , & dont la grosseur sera comme de forts
tuyaux de plumes , & dont les racines , pour
la plupart seront grosses comme le doigt ,
les racines de l'année étant ordinairement
deux fois aussi fortes que le bois.

*Du soin des Mûriers pendant l'Hiver , depuis
leur naissance , jusqu'à ce qu'ils soient assez
forts pour être mis en pépiniere.*

Les Mûriers semés au Printemps , aussi-
bien que ceux qui sont plus âgés , n'ont
besoin d'aucun soin pendant l'Hiver ; on peut
sans rien craindre les abandonner à toute la
rigueur de la saison , & attendre avec confiance le retour du Printemps , qui , en ramenant les beaux jours , exige du Cultivateur
de nouveaux procédés , & de nouveaux travaux. Ils consistent principalement pendant
cette seconde année , à leur seconde seve , à
visiter attentivement ses planches de Mûriers ,
à les purger par les sarclages des mauvaises
herbes qui auroient pu croître ; à leur donner
quelques labours avec la pioche entre les
rayons & près du plant ; à les arroser abondamment en proportion de la sécheresse de
l'Eté ,

l'Eté, & de la chaleur du jour, & à conferver au terrein une fraîcheur naturelle.

On doit encore avoir l'attention de ne
point élaguer les petites branches qui croif-
fent à côté de la maîtreſſe tige, ſous prétexte
que ce retranchement la feroit croître davantage; cette pratique eſt une erreur & un
préjugé dans l'eſprit de la plupart des Jardiniers qui ne ſavent, pour l'ordinaire, que
ce qu'ils ont vu pratiquer par d'autres leurs
ſemblables: on ne doit s'attacher qu'au ſoin
principal de faire fortifier les racines de la
tige de l'arbre, & c'eſt à quoi contribuent
eſſentiellement les petites branches latérales
qui ſortent du pied; la ſeve, dans ſa circulation, s'y porte avec abondance, d'où
elle reflue dans les tranchées & dans les utri-
cules de la maîtreſſe tige qui eſt toute préparée à la recevoir, & à la reporter vers
l'écorce pour s'y durcir, & devenir la partie
ligneuſe.

Tels ſont les procédés les plus ſûrs, &
fondés ſur une expérience certaine, que l'on
doit employer dans un ſemis de Mûrier
blanc: on peut être aſſuré du ſuccès, en les
obſervant littéralement. On donnera par la
ſuite une inſtruction ſur les préparations néceſſaires pour former une pépiniere de Mûriers blancs, la méthode pour les planter à
demeure, & leur culture, juſqu'à ce qu'on
puiſſe les abandonner aux ſeuls ſoins de la
Nature.

Cette ſeconde partie deviendra l'objet d'un

I

nouveau prix d'Agriculture, d'autant plus
capable d'exciter l'émulation pour cette culture, qu'après la délivrance du Prix, tous
les Concurrents & autres Cultivateurs du Mûrier, pourront disposer librement des Pourrettes de leur semis, pour les donner ou les
vendre à leur profit, ou bien en former des
pépinieres, s'ils le jugent à propos, dont ils
pourront vendre les arbres à leur avantage,
ou en faire des plantations : ce qu'ils auront d'autant mieux occasion de faire, que
les pépinieres royales ne subsisteront plus,
lorsue leurs Mûriers à haute tige seront
parvenus à l'état & à l'âge convenable pour
soutenir la transplantation.

LETTRE LVII.

Sur le Mûrier blanc.

AU moment que je prends, MONSIEUR, la plume pour vous écrire, suivant ma coutume, je reçois un Mémoire sur le Mûrier ; il contient plusieurs observations intéressantes, dont quelques-unes paroissent même marquées au coin de la nouveauté, & dont la plupart m'étoient échappées dans l'article de mon Dictionnaire des Végétaux de la france, concernant cet arbre si utile à la Société & au Commerce ; je m'empresse en conséquence de vous communiquer ce Mémoire. Soyez assuré, Monsieur, que dès que j'aurai connoissance de quelqu'autre chose de nouveau, principalement de ce qui peut concerner l'économie champêtre, je saisirai la premiere occasion que j'aurai de notre Commerce épistolaire, pour vous en faire part.

Il y a trois façons, dit ce Mémoire, de multiplier les Mûriers, ou par semence, ou par provin, ou par la greffe ; la semence de ces arbres exige de petits détails pour pouvoir la recueillir ; on met pour cet effet dans un baquet de grosses Mûres blanches, on choisit sur-tout celles qui proviennent des arbres de la meilleure espece, & qui, à

cause de leur parfaite maturité, se trouvent
sur la surface de la terre aux pieds de l'arbre d'où elles sont tombées. On les ramasse
& on les laisse ainsi en tas dans ce baquet
pendant vingt-quatre heures; on les écrase
ensuite, soit avec les pieds, soit avec les
mains; on verse à mesure qu'on les brise,
de l'eau par dessus; on laisse reposer cette
eau; on jette toute l'ordure qui y surnage, après quoi on incline doucement
le baquet pour faire écouler l'eau, la bonne graine reste au fond. On continue à
verser de la nouvelle eau par dessus cette
bonne graine, & on jette encore cette eau
de même que la première, ce qu'on réitere,
jusqu'à ce que la graine se trouve entiérement nette; on la fait enfin sécher & on
la vanne pour en ôter toute la poussiere; on
ne peut la conserver tout au plus qu'un an,
aussi la seme-t-on pour l'ordinaire aussi-tôt
qu'elle est recueillie, ou du moins ne dif-
fere-t-on que jusqu'au Printemps suivant.

Quand on veut semer de la graine de
Mûrier, on choisit dans un Jardin l'endroit le
moins exposé au vent, on en prépare la
terre par de bons labours, & pour la rendre
plus facile à la culture, si elle se trouve
totalement desséchée, on l'arrose la veille
qu'on la laboure. On fume cette terre avec
du fumier à demi consommé, ou bien on
l'associe avec du terreau; on la dresse ensuite en planches en forme de couche de
quelque longueur qu'elle soit, n'importe,

pourvu que chaque planche n'aie au plus
que quatre pieds de largeur ; on dreſſe ces
planches en dos d'âne , ainſi qu'il eſt d'uſage
chez les Jardiniers , & on les éleve au moins
d'un demi-pied au deſſus du niveau. Tout
étant ainſi diſpoſé , on ſeme la graine : on ne
fait communément cette opération que dans un
beau jour , on obſerve ſur-tout qu'il ne ſoit ni
pluvieux ni venteux ; on fait tremper cette graine douze heures avant que de la ſemer ; pendant ce temps , on trace ſur la terre préparée
pour la recevoir , des rayons de cinq à ſix pouces de largeur , & de deux ou trois de profondeur , bien unis & eſpacés réguliérement à
deux pieds l'un de l'autre ; on répand la
graine dans ces rayons à peu près de même
que l'on fait lorſqu'on ſeme la laitue ; mais
cependant moins épaiſſe , après quoi on la
couvre d'un demi-pouce de terre bien ameublie. Pendant les quinze premiers jours on
met ſur ces planches de la menue paille ou
des clayons , tant pour en entretenir la fraîcheur , que pour garantir la ſemence des
oiſeaux juſqu'à ce qu'elle ſoit lev e ; quand
elle l'eſt une fois , on ne doit pas moins la
couvrir principalement pendant la nuit , à
cauſe des gelées du Printemps , & même
pendant le jour dans le temps des intempéries de l'air ; mais dès qu'il fait beau , il
faut au même inſtant la découvrir. Cette
jeune plante eſt ſi délicate , que le moindre
contre-temps eſt capable de la faire périr.
On appelle Pourrette , le jeune plant de Mû-

rier ; la culture de la Pourrette fe réduit pour la premiere année à très-peu de chofe , on la farcle uniquement de toutes mauvaifes herbes , on l'arrofe de temps en temps pendant les chaleurs , cependant avec beaucoup de ménagement , car le trop d'arrofement peut même lui devenir nuifible.

On laiffe croître ce jeune plant à volonté fans en retrancher aucune branche , & quand l'Hiver approche , on répand fur les planches un peu de fumier & on les couvre avec des claies ou de la paille pendant les froids les plus rigoureux , de peur que l'extrêmité de la tige de ce jeune plant , & même toute la tige ne vienne à geler. Quelques perfonnes prétendent , & même avec une apparence de raifon , qu'on feroit bien de garantir pendant la premiere année les jeunes plants de Mûrier de la trop grande chaleur , qui ordinairement les fait fécher & brûler.

Lorfqu'on eft obligé d'arrofer les planches avant que la femence foit levée , ou quand le plant commence uniquement à paroître , il faut ne fe fervir pour les arrofer que d'un arrofoir à tête finement percée , pour que l'eau par cet arrofement ne détrempe point trop la terre , ne découvre pas la graine , ne déracine & n'entraîne pas les petits jets ; fi l'on s'apperçoit lorfque les jeunes jets commencent à fortir de terre , qu'ils foient trop preffés , il faut auffi-tôt les éclaircir , pour que ceux qui reftent , puiffent prendre une nourriture fuffifante.

On transplante la pourrette en pépiniere au mois de Mars ou d'Avril suivant ; c'est-à-dire, un an après qu'elle est semée ; on differe quelquefois jusqu'à deux ans, pourvu qu'elle soit de la grosseur d'un tuyau de plume, cela suffit. Quand tous les jets ne paroissent pas être de la même force, on choisit pour le replant les plus forts, & on laisse encore les autres sur place un an.

La Pourrette, lorsqu'elle est bien ajustée & qu'elle est assez forte, peut se transporter au loin fort aisément & sans qu'elle en souffre ; on fait de petits paquets d'une centaine de jets, on en enveloppe les racines avec un peu de terre & on arrose pendant la route la toile qui les enveloppe, ou la caisse où l'on peut les mettre, & à laquelle on fait des trous dessus & dessous.

En plantant la pourrette, il faut couper le bout des grosses racines jusqu'au niveau de celles qui ne forment qu'une espece de barbe & couper les jets à quatre ou cinq pouces de terre.

Pour faire cette plantation, on tire au cordeau des tranchées ou rigoles de six à sept pouces de profondeur sur pareille largeur, on arrange dans ces rigoles les racines de la pourrette, on les recouvre ensuite en foulant également la terre qui les environne ; on peut aussi planter les jets à la cheville, mais il faut auparavant avoir eu la précaution de faire miner à un pied & demi ou deux pieds, tout le terrein où l'on veut planter la pourrette. On donnera à ces jeunes plants deux pieds & demi en tous sens, & on les plantera en échiquier. Cette plantation faite, il ne s'agit plus que de ce qui regarde sa culture : elle se réduit à sarcler les mauvaises herbes, à donner trois labours en Avril, Juin & Août, sans cependant endommager les racines, & à arroser le jeune plant dans la saison brûlante de l'Eté ; j'oubliois même de vous faire observer avec l'Auteur de ce Mémoire, qu'avant de replanter la pourrette, on fera très-bien de tremper les jets pendant quelque temps dans de l'eau, sur-tout s'il y a long-temps qu'ils sont arrachés, on rappellera par ce moyen la seve. Quand les jeunes plants sont bien repris, & qu'ils ont même commencé à pousser, s'ils ont produit deux ou trois jets, il faut n'en laisser qu'un ; on choisit pour cet effet celui qui paroît être le plus vigoureux & le mieux disposé pour former la tige. Dans les mois de Juillet, Août & Septembre, on étaie ce jet de tout ce qu'il peut avoir poussé seulement à un pied de terre. Au mois de Mars suivant, si ces jeunes plants paroissent peu vigoureux, & s'ils ne poussent par conséquent qu'avec peine, il faut les rapprocher, c'est-à-dire, les couper à cinq ou six pouces de terre, les racines s'en fortifieront mieux, & l'arbre en deviendra plus beau ; on tâchera de l'élever à la hauteur de six pieds, après quoi on l'arrêtera, afin que sa tête se forme. Quand ces plants auront atteint l'âge de

cinq ou fix ans , c'eſt-à-dire , lorſqu'ils ſeront
de la groſſeur du bras , on les plantera à
demeure ; nous en parlerons plus bas.

La ſeconde façon de multiplier les Mûriers,
eſt par provins , autrement marcottes ; on
couche les branches ou rejetons qui ſortent
du pied de l'arbre , on les plie & on les
tord délicatement ſans les rompre ni les détacher du pied de l'arbre ; cette opération ſe
fait au Printemps dans le temps de la ſeve ,
de même qu'en Automne. Quand les provins
ont pris racine , on les ſépare de l'arbre ,
& on les met en pépinieres , pour enſuite
les replanter ; lorſqu'ils ſe trouvent aſſez
forts.

La troiſieme méthode de multiplier les
Mûriers , eſt par la greffe ; on greffe les bonnes eſpeces ſur les mauvaiſes ; cette opération
ſe fait ordinairement lorſque les jeunes plants
ſont encore en pépiniere , avant que de les
tranſplanter. On pratique la greffe au commencement de Juillet , ou au plus tard dans les
premiers jours d'Août ; on peut auſſi greffer
au Printemps , dès l'inſtant même qu'on peut
ſe procurer les premieres greffes de cette ſaiſon. Pour greffer , il faut choiſir un temps
ſec & chaud ; il faut que le ſujet aie au
moins deux pouces de circonférence pour
pouvoir y placer la greffe ; les greffes à écuſſon & en flûtes ſont les plus uſitées pour les
Mûriers. Quand on greffe en écuſſon , on le
fait ordinairement à un demi-pied de terre
ou même plus bas , car il eſt d'uſage , con-

tre l'ordinaire des autres arbres , d'enterrer la greffe des Mûriers lorsqu'on les transplante. Quand on greffe la pourrette dans les mois de Juillet & Août , il faut nécessairement couper dans le mois de Mars ou d'Avril suivants , les jets qui auront poussé à deux ou trois pouces au dessus de la greffe , parce qu'il faut que le Mûrier pousse toute la hauteur qu'il doit avoir dans l'année ; mais si c'est au mois d'Avril qu'on greffe cet arbre , comme l'arbre aura fait tout son crû dans la même année , il devient inutile de le couper l'année d'après ; il suffira d'en pincer le jet lorsqu'il aura atteint la hauteur de six pieds , afin de l'arrêter & de faire grossir la tige.

Après avoir parlé de la méthode de multiplier le Mûrier , je passe à celle de la plante. Quand sa tige a six pieds de haut & environ quatre pouces & demi de circonférence , cet arbre est en état d'être placé à demeure ; la saison la plus favorable pour cette plantation , est le Printemps , si le terrein qu'on lui destine est d'une nature légere ; mais si la terre en est forte & sujette à retenir l'eau , on fera cette opération par préférence en Automne. Le vrai temps même en toute sorte de terres pour le replanter , de même que tous les autres arbres dont les feuilles tombent , est l'Automne , suivant que l'expérience l'a démontré.

On fait quatre ou cinq mois avant cette plantation , des fosses dans les endroits qu'on

deſtine à ces arbres ; on donne à ces foſſes
ſix pieds en quarré , ſur deux & demi de profondeur & même davantage , ſi la terre eſt
forte. On varie la diſtance des Mûriers ſuivant la nature du terrein & ſuivant le rapport qu'on en veut tirer. Quand on plante
les Mûriers en bordure le long d'un champ,
on les eſpace de quinze à dix-huit pieds les
uns des autres ; ſi on veut que la terre où
ils ſont plantés puiſſe encore être de quelque rapport , il faut les eſpacer de trente-ſix
à quarante pieds : ſi la qualité du terrein eſt
médiocre , on les placera de vingt-quatre à
trente pieds ; mais ſi elle eſt abſolument mauvaiſe , on les plantera à quinze ou dix-huit
pieds de diſtance au plus.

On tâchera en arrachant les replants , de
n'offenſer les racines que le moins que faire
ſe pourra , & ſi on les deſtine pour le loin-
tain , on les enveloppera de paille : avant que
de planter ces arbres , on rafraîchira ces racines , & on coupera tout ce qui ſe trouvera
froiſſé , briſé & rompu ; on coupera pareillement toutes les branches qui ſe trouveront
mal placées , & on rapprochera les autres en
les réduiſant au plus à deux ou trois lignes
de longueur.

Voici actuellement la maniere avec laquelle
on procede pour la plantation. Si on les
place dans une terre légere , & ſi le creux
qu'on a fait n'a que deux pieds & demi de
profondeur , on commence par jeter dans le
fond un demi pied de la terre qui ſert de

surface aux champs labourés, on y pose &
on y arrange les racines & on remplit enfuite
le creux de la terre qui en a été ôtée ; on
peut encore mettre pour le mieux une demi-
charge de fumier.

Si on destine les Mûriers à une terre forte,
grasse ou argilleuse, comme le creux doit
être alors plus profond, il est à propos d'y
jeter quelques fagots de feuillages coupés plusieurs jours auparavant ; ces feuillages qu'on
couvre de terre légere avant que d'y mettre
l'arbre, rendent la terre meuble, font que les
racines s'y étendent plus facilement, & d'un
autre côté, lorsque ces feuilles pourrissent,
elles servent de fumier & tiennent la terre
fraîche.

Les Mûriers réussissent en toutes sortes de
terreins, cependant ceux qui croissent en
terre grasse, humide, dans les vallons, près
des rivieres & ruisseaux, croissent mieux que
ceux qui sont plantés dans des terreins secs
arides, & sablonneux ; ils fournissent aussi aux
Vers-à-soie dans leurs feuilles une nourriture
bien plus substantielle, mais infiniment moins
délicate : aussi a-t-on toujours remarqué que
les Coques qui proviennent des Vers qui se
sont nourris de ces premieres feuilles, n'en
sont ni si fermes ni si bonnes.

Il arrive souvent que dans les temps que
les Vers à soie veulent commencer à filer &
former leurs Coques, les pluies & les orages surviennent, qui les empêchent non-seu-
lement de travailler, mais les font même périr,
ou du moins retardent leurs travaux.

Pour remédier à cet inconvénient, l'Auteur de ce Mémoire propose de planter des Mûriers blancs en espaliers ou en haies, le long d'un mur bien exposé au midi : ces arbres donneront des feuilles bien plus petites que ceux qui sont en plein vent, on pourra par conséquent faire éclorre aussi plutôt les œufs des Vers à soie, puisque ces insectes trouveront de la nourriture toute prête, & ils seront par conséquent en état de filer avant les pluies, qui n'arrivent ordinairement qu'en Juin & Juillet.

Quand les Vers sont nouvellement éclos, il ne leur faut que très-peu de nourriture, par conséquent les feuilles des simples espaliers peuvent leur suffire jusqu'à leur premiere mue. Les feuilles des hauts vents remplacent ensuite celles des espaliers, & se trouvent encore beaucoup ménagées par cet expédient : on nourrira même ainsi plus de Vers à soie avec dix gros Mûriers plein vent, qu'on ne feroit en toute autre circonstance avec vingt Mûriers ; les Vers à soie s'en porteront même mieux. Quand ils sont jeunes, il leur faut des feuilles tendres & succulentes, on les rencontre dans les Mûriers espaliers ; quand ils viennent forts, ils exigent pour faire de la belle soie, des feuilles délicates, seches, & dont la seve soit bien élaborée : on trouvera ces qualités dans les Mûriers haut-vent. Un autre avantage qu'on peut retirer des Mûriers espaliers, c'est que dans notre climat, les Mûriers en plein

vent font fouvent expofés à être gelés au
Printemps, ce qui n'arrive pas à ceux qui
font en efpalier, & pour lors les Vers à
foie font obligés de mourir faute de nourriture.

Lorfque le Mûrier eft une fois planté à
demeure, il exige pendant les dix premieres
années, trois ou quatre cultures au pied de
fon tronc & à la diftance au moins de fix
pieds autour, fur-tout fi la terre où on l'a
plantée eft neuve & en friche; mais fi c'eft
une terre enfemencée, la culture qu'on donne d'ordinaire à cette terre peut lui fuffire.
On agiroit très-prudemment, fi on ne femoit
rien autour des Mûriers pendant les premieres
années, au moins à la diftance de fix pieds;
deux ou trois arrofements pendant les grandes chaleurs, feront très-bien à ces arbres,
fur-tout fi c'eft dans les premieres années de
fa plantation. Chaque mois on enterrera à
un pied de profondeur fur la racine de cet
arbre, une demi-charge de fumier pour en
aider la végétation, on en mettra même une
charge entiere quand l'arbre paffe trente ans;
il faut bien fe garder de dépouiller la premiere année de leur plantation les Mûriers
de leurs feuilles, il ne faut pas même les
tailler : on retranchera uniquement les jets
qui pourroient venir le long de la tige,
fur-tout aux pieds. La feconde année on
taille ces arbres pour leur former de belles
têtes, & quand ils ne viennent pas affez
vîte, on rapproche les branches qui fervent

à former cette tête ; on s'appliquera toutes
les années, pendant douze ans, à donner
par la taille une belle forme à cet arbre,
après quoi on ne le taillera que chaque trois
ans. Quand la feuille du Mûrier jaunit, malgré toute l'attention qu'on apporte à leur
culture, il faut déraciner l'arbre l'Automne
suivante & le replanter sur le champ.

Je ne vous parle pas, Monsieur, des autres
détails, dans lesquels entre ce Mémoire, à
l'occasion de la culture de ces arbres, lorsqu'ils sont plantés. Consultez, Monsieur,
sur ce sujet, mon Dictionnaire des Végétaux
de la France. J'ai l'honneur d'être,

MONSIEUR,

Votre très - humble &
très - obéissant serviteur,
BUC'HOZ D. Med.

Le 12 Septembre 1769.

INSTRUCTION
SOMMAIRE

Sur la maniere de cultiver les Mûriers.

Des terreins qui font propres aux Mûriers.

LES expériences faites depuis nombre d'années, ne permettent plus de douter que les Mûriers & les Vers à foie ne réuffiffent en France dans toutes les Provinces. Les climats chauds, à la vérité femblent être plus convenables ; mais on éleve auffi avec fuccès des Vers à foie dans des Provinces où le climat fe trouve beaucoup plus froid que dans d'autres.

Le Mûrier réuffit dans toutes fortes de terrein, dans des terres humides & argilleufes, dans celles qui font graffes, & dans les fablonneufes, à quelques expofitions qu'elles fe trouvent : mais alors les feuilles font plus ou moins propres pour la nourriture des Vers à foie ; & la meilleure regle qu'on puiffe indiquer pour faire une plantation utile à tous égards, c'eft que le Mûrier demande la même terre & la même expofition que la Vigne, c'eft-à-dire, une terre noirâtre, légere & douce, fablonneufe, ou caillouteufe, dont l'expofition foit au Midi ou au Levant, & éloignée d'autres arbres ou haies qui pourroient

roient priver les Mûriers du grand air &
du Soleil. Mais il faut avoir attention ;

1°. A ce que la terre, où l'on feme la
graine, ait été bien cultivée, & qu'elle ait
été même améliorée à l'avance, comme celle
où l'on voudroit femer de la laitue ; qu'elle
foit meuble, & plutôt fablonneufe que forte.

2°. A ne choifir jamais un terrein extrêmement gras & amendé, pour mettre les
jeunes plants ou pourrettes en pépiniere ; ils
périroient pour la plupart lorfqu'on les tranf-
planteroit à demeure dans une terre légere,
maigre & fablonneufe, qui eft celle qui leur
convient le mieux. Les Mûriers ne réuffiffent
jamais fi bien que lorfqu'ils font plantés
dans une pépiniere dont la terre eft de quelques degrés moins bonne que celle où ils
doivent être plantés à demeure. Il faut cependant avoir attention que le terrein de la
pépiniere ne foit pas trop maigre & fans
fubftance, parce qu'alors il ne produiroit
que des jets foibles & languiffants.

Des Mûriers les plus propres à la nourriture des Vers à foie.

Le Ver à foie fe nourrit de la feuille de
Mûrier, de quelque efpece qu'elle foit : il y
en a cependant de meilleures les unes que
les autres ; & d'ailleurs, comme les différents
âges des Vers à foie demandent une feuille
plus ou moins nourriffante, il convient de
planter & de cultiver les quatre efpeces de
Mûriers fuivantes : favoir :   K

Le Mûrier blanc , appellé Mûrier d'Espagne, qui porte du fruit blanc , des feuilles grandes comme la paume de la main , rondes, finissant en pointe en forme de cœur , & dont les feuilles sont d'un verd foncé , plus épaisses que celles des autres Mûriers , & chargées d'un suc grossier & nourrissant.

Le Mûrier rose , appellé celui de Rome , porte un fruit d'une couleur cendreuse ; il a les feuilles presque aussi grandes que le Mûrier d'Espagne , & à peu près de la même figure , mais d'un verd plus clair. Elles sont plus luisantes , plus minces , plus tendres , & plus propres à la nourriture des Vers à soie à tout âge & en tout temps.

Le Mûrier franc , provenant de la semence du Mûrier d'Espagne , produit un fruit couleur de gris de lin , des feuilles de la même forme que celles du Mûrier d'Espagne , mais moins grandes , & propres , comme les feuilles du Mûrier rose , à donner aux Vers à soie dans tous leurs âges.

Enfin le Mûrier commun , provenant de la graine de son espece , ou de celle du Mûrier franc. Il produit une mûre noire ou rouge ; les feuilles en sont plus petites , plus difficiles par conséquent à cueillir , & leur suc est peu nourrissant.

Ces quatre especes de feuilles sont bonnes de leur nature , & peuvent être données , en commençant par celles qui ont le moins de suc , ainsi qu'on l'expliquera à l'article de la nourriture des Vers à soie ; cependant

comme la greffe perfectionne la feve ; on
conseille d'enter avec la greffe des Mûriers
rofes ceux qui ne font point de l'efpece du
Mûrier d'Efpagne , & d'en enter une certaine quantité de quelque efpece qu'ils foient ,
avec la greffe du Mûrier d'Efpagne , afin
d'avoir les efpeces & les qualités de feuilles
qu'on donne par préférence aux Vers à foie ,
dans le temps où ils en mangent beaucoup.

*De la Graine du Mûrier , de la maniere de la
préparer & de la femer, & des autres moyens
de multiplier cet arbre.*

La femence du Mûrier n'eft autre chofe
que la graine qu'on trouve dans les groffes
mûres blanches qui tombent des arbres.

Pour faire la graine , on met dans un
baquet les groffes mûres blanches qu'on a
ramaffées , & qui font tombées des meilleurs
arbres ; & on les y laiffe vingt-quatre heures.
On les y écrafe enfuite avec les pieds , ou
avec les mains ; on y verfe de l'eau à mefure , on la laiffe repofer , on jette toute
l'ordure qui eft deffus , on verfe l'eau enfuite
en inclinant le baquet pour que la bonne
graine refte au fond , & on continue à mettre de l'eau & à la jeter , jufqu'à ce que la
graine foit nette ; après quoi on la fait
fécher , & on la vanne pour en ôter toute
la pouffiere. Cette graine ne fe conferve
qu'une année.

La graine peut fe femer auffi-tôt qu'elle

a été recueillie, c'est-à-dire, vers le mois de Juillet ; mais on préfere les mois de Mars & d'Avril.

Pour semer la graine, on fait sur la terre préparée pour la recevoir, des rayons de cinq à six pouces de largeur, & de trois à quatre de profondeur, bien unis, distants de deux pieds les uns des autres ; on seme la graine dans ces rayons, comme celle de laitue, mais moins dru ; & on la couvre d'un demi pouce de terre.

La planche où l'on seme la graine, doit être à l'abri du mauvais vent, soit par une muraille ou par une haie.

On peut encore se procurer des Mûriers par boutures & par provignement ; ces arbres en sont susceptibles, comme bien d'autres ; & tous les Jardiniers savent comment les boutures & le provignement se font : mais il est aisé de multiplier cet arbre au moyen de la graine, la pourrette coûte si peu, & elle est si aisée à transporter, qu'il semble qu'on peut s'en tenir à la semence des Mûriers.

De la Culture de la Pourrette.

La culture de la pourrette après la semence, consiste seulement à arracher les herbes, à arroser à propos, sur-tout pendant les chaleurs, à répandre au commencement de l'Hiver sur les planches, un peu de fumier, & à couvrir les planches avec des claies ou de la paille pour les garantir du froid.

Il y a des gens qui prétendent aussi qu'il convient dans les premiers temps de garantir ces jeunes plants de la trop grande chaleur, qui les sécheroit & les brûleroit.

Lorsqu'on arrose avant que les plants soient sortis, ou lorsqu'ils commencent à paroître, il faut avoir attention de se servir d'un arrosoir, afin que l'eau ne détrempe point trop la terre, ne découvre pas la graine, ou ne déracine & n'entraîne les petits jets.

Si l'on s'apperçoit lorsque les jeunes jets commencent à sortir de terre, qu'ils soient trop pressés, il faut les éclaircir, pour que ceux qui restent, puissent prendre la nourriture suffisante.

Du temps de mettre la Pourrette en pépiniere, de sa Culture, & de sa Greffe.

La pourrette se transplante dans les pépinieres au mois de Mars ou d'Avril.

Elle est en état d'y être transplantée un ou deux ans après qu'elle a été semée, si elle est grosse comme un tuyau de plume : mais comme tous les jets n'ont pas poussé avec la même vigueur, on ne doit transplanter que ceux qui sont de cette grosseur, & laisser les autres se fortifier jusqu'à l'année suivante.

La pourrette de la grosseur marquée ci-dessus, peut se transporter au loin fort aisément, & sans qu'elle en souffre. Pour cet

effet on enlace les jets par centaine , on
enveloppe les racines avec un peu de terre ,
& on arrose pendant la route la toile qui
les enveloppe , ou la caisse où l'on peut les
mettre , & à laquelle on fait des trous dessus & dessous.

En plantant la pourrette , il faut couper
le bout des grosses racines jusqu'au niveau
de celles qui ne forment qu'une espece de
barbe , & couper le jet à quatre ou cinq
pouces de terre.

La meilleure façon de planter la pourrette
dans les pépinieres , est de tirer au cordeau
des tranchées ou rigoles de six à sept pouces
de profondeur , & autant en largeur , dans
lesquelles on arrange les racines , qu'on recouvre ensuite en foulant également la terre
qui les environne. Mais on peut aussi planter à la cheville , pourvu qu'on ait eu l'attention de faire miner à un pied & demi ou
deux pieds , tout le terrein où l'on veut planter la pourrette : & quant à la distance à
mettre entre les jeunes plants , on estime
qu'elle doit être de deux pieds & demi de
tous sens , observant de les planter en échiquier , ce qui donne plus de facilité pour
les travailler.

La culture à faire à ces pépinieres se borne à en arracher les herbes , à remuer la
terre quatre ou cinq fois l'année , & à l'arroser dans le temps des grandes chaleurs :
mais lorsque les jeunes plants ont commencé
à pousser , s'ils ont produit deux ou trois

jets, il faut n'en laisser qu'un & choisir celui qui paroît être le plus vigoureux & le mieux disposé pour former la tige. Dans les mois de Juillet, Août ou Septembre, il faut étayer ce jet de tout ce qu'il a poussé à un pied seulement de terre : & si l'on s'appercevoit au mois de Mars suivant, c'est-à-dire, un an après la plantation dans la pépiniere, que de jeunes plants n'eussent pas poussé vigoureusement, il faut les couper à cinq ou six pouces de terre ; les racines se fortifieront davantage, & le jet n'en deviendra que plus beau.

On peut enter les Mûriers sur branches, trois ans après qu'ils ont été plantés à demeure dans les terres ; mais il vaut beaucoup mieux enter sur pied, lorsque les arbres sont dans la pépiniere.

La saison d'enter les arbres dans la pépiniere, est au commencement de Juillet, ou au plus tard dans les premiers jours d'Août, en choisissant un temps sec & chaud : on peut aussi enter dans le Printemps & aussitôt que l'on peut se procurer les premieres greffes de cette saison, mais il faut toujours, pour greffer ces jeunes plants, que le jet ait environ deux pouces de circonférence, parce que s'il étoit trop petit, on ne sauroit y placer la greffe. Il convient de greffer par préférence avec des greffes de Mûrier rose, dont l'espece est très-bonne ; il suffit d'avoir une douzieme partie des Mûriers d'Espagne.

La greffe à écusson & à la flûte sont éga-

lement convenables ; mais lorfqu'on greffe à
écuffon , il faut que ce foit à un demi-pied
de terre ou le plus bas qu'il eft poffible ,
pour que l'endroit greffé puiffe être enterré
lorfqu'on tranfportera l'arbre.

Lorfque l'on greffe la pourrette dans le
mois de Juillet ou d'Août , il faut néceffai-
rement couper dans les mois de Mars ou
d'Avril fuivants , les jets qui auront pouffé
à deux ou trois pouces au deffus de l'ente ,
parce qu'il faut que le Mûrier pouffe toute
la hauteur qu'il doit avoir dans une année;
mais fi l'on greffe dans le mois d'Avril ,
comme l'arbre aura fait tout fon crû dans
la même année , il devient inutile de le
couper l'année d'après , il fuffira d'en pincer
le jet lorfqu'il aura atteint la hauteur de
fix pieds , afin de l'arrêter & de faire groffir la tige.

Du temps & de la maniere de planter les Mûriers à demeure.

Un arbre qui eft depuis trois ans dans
la pépiniere , s'il eft bien venu & s'il a bien
réuffi , peut avoir environ quatre pouces &
demi de circonférence , & fix pieds de haut ,
qui eft à peu près la hauteur à laquelle on
a dû le tenir. S'il eft de cette groffeur , fi
les branches & l'écorce font unies , de la
couleur d'un verd d'eau , la tête petite , les
branches d'un pouce de groffeur ; montant
en demi-cercle , & les bourgeons gros , il

est de bonne qualité , & en état d'être transplanté. Mais au contraire si l'arbre est mousseux , l'écorce seche & de couleur gris-brun , la tête grosse , bossue , cicatrisée , les branches minces , alongées horizontalement , & la pointe pendante vers les racines , l'arbre est alors de mauvaise qualité , & il vaut mieux le jeter que de lui faire occuper une place à laquelle il est plus utile de mettre un bon arbre.

La saison de planter le Mûrier à demeure est au Printemps , c'est-à-dire , depuis le commencement de Mars , jusques vers le mois d'Avril , si le terrein est d'une nature légere; & en Automne , depuis la fin d'Octobre , jusques vers la fin de Décembre , si la terre est forte & sujette à retenir l'eau. Mais les connoisseurs prétendent qu'il vaut toujours mieux planter en Automne , parce que l'arbre poussant quelques chevelus pendant l'Hiver , il avance beaucoup plus ; au lieu qu'étant planté au mois de Mars , & la seve montant tout de suite , il ne pousse pas si bien , ni avec autant de vigueur.

Les creux pour planter les arbres , doivent avoir environ six pieds en quarré , sur deux pieds & demi de profondeur. S'ils sont dans une terre forte , il faut leur donner plus de profondeur , mais il faut toujours les faire faire quatre ou cinq mois d'avance , dans quelque saison que l'on plante.

La distance des arbres doit varier suivant la nature du terrein , & la façon dont les arbres sont plantés.

En bordure, le long d'un champ, ou pour former une avenue, on peut mettre les Mûriers de quinze à dix-huit pieds les uns des autres & à la même distance des fossés.

Si l'on remplit une terre fertile & qu'on veuille ensemencer, il faut les mettre de trente-six à quarante pieds. Si la terre étoit d'une qualité médiocre, on pourroit les mettre de vingt-quatre à trente pieds ; mais s'il n'y avoit aucun labour à y faire, on peut les mettre de quinze à dix-huit pieds de distance les uns des autres.

Il faut avoir attention d'arracher les arbres le plus adroitement qu'il sera possible, afin d'avoir toutes les racines sans en offenser aucune ; & si l'on doit les transporter au loin, il faut envelopper les racines dans de la paille, & les conserver le plus fraîchement que l'on pourra ; mais avant que de planter l'arbre, il faut avoir attention de couper les racines qui pourroient avoir été froissées, déchirées ou rompues, ainsi que le simple bout de toutes les autres. Il faut aussi couper à cet arbre toutes les branches qu'il a poussées, à l'exception de deux ou trois des mieux disposées, que l'on laisse pour former la tête, en les réduisant à deux ou trois pouces de longueur. Mais il faut faire en sorte de laisser à chaque branche un ou deux yeux, c'est-à-dire, un ou deux petits bourgeons, d'où sortent ordinairement les branches, & préférer les bourgeons qui seront placés en dehors de l'arbre, parce qu'on lui donneroit

par-là plus facilement la forme qu'il doit
avoir.

Pour planter l'arbre, si c'est dans une terre
légere, & que le creux n'ait environ que
deux pieds & demi de profondeur, on doit
commencer par jeter dans le fond un demi-
pied de bonne terre, c'est-à-dire, de celle
qui est sur la surface des champs labourés;
on y pose & on y arrange les racines,
& on remplit ensuite le creux de la
terre qui en a été ôtée, & dans laquelle
on conseille de mettre une demi-charge
de fumier.

Mais si l'arbre devoit être planté dans
une terre forte, grasse, ou argilleuse, comme le creux doit être alors plus profond, il
convient d'y jeter quelques fagots de feuillages, coupés plusieurs jours auparavant sur
le buis, sur le chêne, sur l'orme ou sur
quelqu'autre espece d'arbre. Ces feuillages
qu'on couvre de terre légere avant que d'y
mettre l'arbre, rendent la terre meuble, font
que les racines s'y étendent plus facilement;
& d'un autre côté, lorsque ces feuillages se
pourrissent, ils servent de fumier & tiennent
la terre fraîche.

Du soin que demande le Mûrier planté à demeure.

La terre où est planté le Mûrier exige
trois ou quatre cultures au pied des racines
& à la distance de six pieds autour, pendant

les dix premieres années , si c'est une terre
neuve en friche ; mais si c'est une terre en-
semencée , la culture ordinaire peut suffire.
Il est à propos de ne rien semer les premieres années dans la même distance de six
pieds , afin que les Mûriers prennent plus de
nourriture. Il seroit aussi fort utile de pouvoir les arroser les trois premieres années ,
deux ou trois fois pendant les grandes chaleurs de l'Eté , avec de l'eau de riviere ou
de ruisseau , si l'on ne peut avoir de celle
d'une mare bourbeuse. On regarde comme
nécessaire pour un meilleur succès & pour
avoir une feuille plus abondante , d'enterrer
tous les trois ans à un pied de profondeur
une demi charge de fumier d'écurie , qui ne
soit pas trop fait , & d'en augmenter la quantité jusqu'à une charge par pied , lorsque le
Mûrier a plus de trente ans. Les feuilles de
Mûriers , ou couches , qu'on retire de dessous
les Vers à soie , font le meilleur fumier , &
il en faut la moitié moins que du fumier
ordinaire : mais au lieu de fumier , on peut
enterrer au pied de l'arbre quelques paquets
de buis , lorsqu'on en a.

On conseille de ne pas dépouiller la premiere année les Mûriers de leur feuille , qui
les garantit de l'ardeur du soleil , & de ne
point les tailler cette premiere année , parce
que la seve en couleroit par la taille , mais
seulement de couper tous les bourgeons qui
sortiront depuis le pied de la tige jusqu'à la
tête , & de ne commencer qu'au mois d'A-

vril de la feconde année , à leur former la
tête , en coupant les jets du centre , ceux
qui le traverferoient , ou qui pencheroient
vers les racines , & en n'en laiffant à la
même hauteur que trois ou quatre des plus
vigoureux & des mieux difposés pour arron-
dir l'arbre. Mais fi l'on s'apperçoit , la premiere ou la feconde année , qu'un Mûrier
n'ait pas pouffé des jets auffi vigoureux que
les autres , il faut en couper les branches à
quatre ou cinq pouces de la tige.

On doit continuer jufqu'à la douzieme
année à tailler l'arbre , en s'occupant toujours à lui donner une belle forme ; mais
enfuite il fuffit de le tailler tous les trois
ans.

Il eft fur-tout indifpenfable, en plantant le
Mûrier à demeure , d'y mettre un échalas
pour le foutenir contre les grands vents &
empêcher que les racines ne fe dérangent ;
mais il faut mettre de la paille entre l'échalas & la tige , pour garantir l'écorce de l'arbre , & l'entourer avec des ronces , pour le
préferver des beftiaux.

On ne croit pas devoir omettre de parler
d'un accident qui arrive quelquefois après
que les Mûriers font plantés dans les lieux
où on a la facilité ou le foin de les arrofer
fouvent. On en trouvera peut-être quelques-
uns dont la feuille jaunit malgré l'attention
qu'on apporte à leur culture , & quelquefois même , quoique les Mûriers voifins foient
en bon état ; cela provient de ce que la terre

ſur laquelle portoient les racines, s'étant
affaiſſée par la pluie ou les arroſages, les
racines ſe trouvent dans un vuide, & ne
peuvent pas prendre une nourriture ſuffiſante.
Lorſque cela arrive, il convient de déraciner l'arbre avec précaution, & le replanter
ſur le champ, de façon à faire porter les
racines ſur la terre qui ſe ſeroit affaiſſée.

INSTRUCTION
SOMMAIRE

Sur la maniere d'élever les Vers à soie.

De la quantité de graine qu'il faut mettre couver, relativement à ce qu'on a de feuilles de Mûrier.

COMME il est essentiel de proportionner la graine qu'on met couver, avec la quantité de feuilles dont on s'est assuré, il convient toujours de peser la graine.

On compte qu'il faut communément seize à vingt quintaux de feuilles pour une once de graine qui réussit bien. Mais si l'on mettoit couver une grande quantité de graine il ne faudroit peut-être pas autant de feuille pour chaque once, attendu que, si l'on met par exemple, six onces de graine, il périra six fois plus de Vers que si on n'en mettoit qu'une once, à cause de la grande attention qu'exige l'éducation de ces insectes.

Il semble qu'on peut parvenir aisément à savoir le nombre de quintaux de feuille qu'il y a environ sur les arbres dont on se seroit assuré. Pour cet effet il faut dépouiller entièrement un seul arbre, & en peser la feuille. Le poids qu'en aura produit un arbre, plus ou moins gros, peut faire juger de ce qu'il

y en a fur chacun des autres , fuivant leurs
différentes groffeurs , ou qu'ils feront plus
ou moins chargés de feuilles.

Lorfqu'on a mis plus de dix onces de
graine , il faut en faire plufieurs chambrées ;
une feule donneroit trop d'embarras. Mais
il convient de n'élever que peu de Vers à
Soie à la fois dans les commencements , où
les pratiques néceffaires ne font pas encore
bien connues.

On prétend qu'une once de graine bien
foignée produit , fi elle a un bon fuccès ,
quatre-vingts livres de cocons.

Temps de faire couver la graine.

Il n'y a point de temps fixe pour commencer à faire couver la graine , cela dépend
des faifons & des climats.

La feule attention qu'on doive avoir , eft
de ne jamais faire couver la graine que lorfque la feuille des Mûriers commence à paroître fur les arbres plantés à demeure , afin
d'être affuré de ne point manquer de feuille
pour la premiere nourriture des Vers à foie ,
ainfi que pendant tout le temps qu'ils
vivent.

On pourroit la mettre couver un peu plutôt , fi l'on avoit des pépinieres de Mûriers ;
la feuille paroît plutôt à ces jeunes arbres ,
& les Vers à foie feroient en état de faire
des cocons avec les plus grandes chaleurs de
l'Eté , qui leur font fort contraires.

Maniere

Maniere de faire couver la graine.

Pour faire couver la graine, il faut la mettre par trois onces dans un sachet, ou dans un morceau de linge qu'on noue en-suite, & on tient le nouet aisé, de façon qu'il y ait autant de vuide que de plein.

Ce sachet ou nouet, doit être tenu dans un endroit chaud, où la chaleur se conserve à peu près la même pendant environ dix jours que les Vers mettent à éclorre : s'ils n'étoient point éclos dans ce temps-là, il faut augmenter un peu la chaleur.

Pour entretenir le degré de chaleur néces-saire, on met le nouet pendant la nuit sous le matelas d'un lit où l'on couche ; & pendant le jour on porte le nouet sur soi, & assez près du corps, pour lui conserver un degré de chaleur convenable, mais il faut avoir attention de ne pas le mettre sur la chair.

D'autres mettent le nouet à côté d'une cheminée où l'on entretient un feu à peu près égal, ou bien dans les petites chambres que les Boulangers ont derriere le four.

Comme la chaleur du vingt-deux au vingt-quatrieme degré au dessus de la congelation, suivant le thermometre de Monsieur de Réau-mur, est le degré le plus convenable pour faire éclorre la graine ; il seroit à souhaiter que, lorsqu'on met la graine près de la che-minée, ou près d'un four, on mît aussi ce thermometre à côté de la graine, & qu'on

L

éloignât ou rapprochât l'un & l'autre, de façon à entretenir à la graine ce même degré de chaleur. Au surplus, les personnes qui ne seront pas à même de pratiquer cette méthode, ou qui la trouveront trop embarraſſante, pourront ſe contenter de mettre la graine ſous un matelas pendant la nuit, & de la porter ſur eux pendant le jour.

Il a été obſervé que la chaleur du corps humain peut faire monter le thermometre juſqu'au trente-deuxieme degré & demi. Comme la chaleur qu'il convient d'entretenir eſt celle du vingt-deux au vingt-quatrieme degré, on peut juger par le degré de chaleur que prend le nouet tenu ſur la chair même, de combien il faut l'en éloigner pour lui donner le degré convenable.

Les Vers naiſſent noirs, ſi la chaleur n'a pas été précipitée ; ſi elle l'a été, ils naiſſent roux, & ils ne ſont pas encore par-là à rejetter ; mais s'ils naiſſent rouges, ce qui arrive par une trop grande chaleur, il faut les jeter, & mettre couver de la nouvelle graine, ſi l'on s'en trouve, & ſi la ſaiſon n'eſt pas alors trop avancée.

En Languedoc on met juſqu'à vingt onces de graines dans un même ſachet ou nouet. On ſe contente pendant le jour de tenir le nouet dans un morceau d'étoffe qu'on chauffe de temps en temps & qu'on dépoſe dans la chambre la plus chaude, & pendant la nuit on le met ſous un matelas. On le place d'abord au pied du lit, & on l'avance tous

les jours, enforte qu'au dixieme jour la graine fe trouve placée fous le dos de la perfonne qui y eft couchée.

On préfere même en Languedoc cette
méthode à celle de porter la graine fur foi,
à caufe de l'inconvénient de la fueur & de
la tranfpiration.

Après le quatrieme jour, il convient d'ouvrir le nouet tous les jours, & de remuer un
peu la graine, pour lui faire prendre l'air.

Il y a des gens qui, avant que de mettre la
graine couver, la trempent dans du vin, &
la font fécher enfuite; mais on croit cette
méthode contraire à la chaleur que demande
la graine pour éclorre.

Graine commençant à éclorre.

La graine eft prête à éclorre, lorfque de
noire ou grifâtre qu'elle étoit, elle devient
blanche; cela arrive ordinairement dans le
neuvieme ou le dixieme jour; alors on la
met de trois en trois onces dans des boîtes
de fapin bien feches, qui n'aient aucune
odeur, & dans lefquelles on a collé du
papier.

Des perfonnes mettent tout fimplement
cette graine dans ces boîtes fur le papier,
mais il eft plus convenable de l'étendre dans
la boîte fur le linge ou fur quelque morceau de moufſeline, parce que le linge étant
moins uni que le papier, le Ver a plus de
facilité pour fe dépouiller & pour fortir de
la graine.   L ij

Il faut avoir attention que la boîte soit aſſez grande , pour que la graine n'ait qu'environ ſept à huit lignes d'épaiſſeur.

On met ſur la graine une feuille de papier découpé & troué , pour que les Vers ſortent par les petits trous ; mais pour leur en faciliter davantage les moyens , il convient d'étendre entre la graine & le papier un peu de chanvre , ou du lin non filé , parce que les Vers s'y attachent , & qu'en ſuivant les fils du chanvre , ils trouvent plus facilement le moyen de ſortir au deſſus du papier.

Il faut avoir attention de tenir chaudement cette boîte juſqu'à ce que les Vers à ſoie en ſoient entiérement ſortis ; on peut , pour cet effet , l'expoſer au ſoleil ; mais dans ce cas il faut la couvrir de quelque linge ou étoffe , pour que la boîte ne ſoit pas trop pénétrée des rayons du ſoleil.

Maniere de lever les Vers à ſoie après qu'ils ſont éclos.

Pour ſortir les Vers à ſoie de la boîte à meſure de leur naiſſance , on étend ſur la feuille de papier des feuilles de Mûrier : les Vers à ſoie qui ſortent par les petits trous , s'attachent aux feuilles , & lorſqu'on voit ces feuilles ſuffiſamment chargées de ces petits animaux , on releve les feuilles avec les Vers qui y tiennent , pour les dépoſer ailleurs. On continue à mettre des feuilles de Mûriers juſqu'à ce que les Vers ſoient

tous fortis de la boîte , & cette opération
fe renouvelle plus ou moins de fois par
jour , fuivant qu'on s'apperçoit que les Vers
à foie fortent plus ou moins vîte.

Des mues ou maladies des Vers à foie.

Les Vers à foie ont quatre mues ou maladies. La premiere commence ordinairement
neuf à dix jours après leur naiffance , &
quelquefois quatre ou cinq jours plus tard ,
lorfque le temps eft froid. Les autres maladies leur viennent communément de fept
en fept jours , ce qui peut cependant être
avancé d'un jour , fi l'air de la chambre eft
chaud ; ou retardé de deux ou trois jours ,
fi l'air eft trop froid.

Les marques de cette maladie font toujours les mêmes : les Vers s'enflent un peu ,
leur tête fur-tout , & deviennent luifants ,
froids & roides ; ils ceffent de marcher &
de manger , reftent en cet état vingt-quatre
heures , quelquefois jufqu'à quarante , & ils
fe dépouillent enfuite de leur peau. On re-
connoît ceux qui font fortis de maladie , en
ce qu'ils font plus roux que les autres , &
qu'ils ont le mufeau beaucoup plus large ,
qu'ils tournent de tous côtés , & qu'ils vont
fur le côté de la claie ou du rayon , comme pour fortir de l'ordure où ils font.

Temps auquel il faut changer les Vers à soie.

On change les Vers à soie en les ôtant de la boîte dans laquelle la graine a été mise, & à mesure qu'ils naissent. On les change encore à la premiere maladie, à la seconde & à la troisieme ; mais depuis la derniere maladie jusqu'à ce que les Vers montent, on doit les changer tous les deux jours. Changer les Vers, c'est les transporter d'un rayon sur un autre, & les séparer de leur couche, c'est-à-dire, de l'espece de litiere qui est formée au dessous d'eux par les parties de la feuille que les vers ne mangent point.

Maniere de changer les Vers à soie.

On change les Vers à soie en enlevant, & en portant sur les deux mains, d'un rayon à l'autre, les feuilles de Mûrier nouvellement placées, & sur lesquelles les Vers sont montés pour les manger. Cette opération se fait aisément, parce que les feuilles se détachent sans peine de l'ancienne couche, & que les Vers étant comme attachés sur plusieurs feuilles en même temps, elles se tiennent les unes aux autres.

Mais après la derniere maladie, & lorsqu'il est question de porter les Vers à soie dans les cabanes, on peut les transporter sur la main, ou dans une assiette vernie pour qu'ils ne s'attachent point, ce qui fait perdre moins de temps.

Il y a une autre méthode pour changer les Vers à soie, c'est d'avoir des filets de la grandeur des tablettes, ou rayons, & bordés à droite & à gauche de deux petites baguettes fort légeres. En mettant ces filets sur les rayons, lorsque les Vers commencent à sortir de maladie, & en jettant des feuilles sur les filets, tous les Vers à soie qui ne sont plus malades passent par les mailles des filets, pour monter sur les feuilles, alors on leve le filet des deux mains, & on le transporte avec les feuilles fraîches & les Vers, à une autre place. On perd moins de temps avec ces filets, & on est assuré par-là d'enlever chaque fois tous les Vers sortis de maladie, parce qu'il n'y a que ceux-là qui montent sur les feuilles; en suivant ainsi toutes les tablettes, & en revenant ensuite à celles sur lesquelles il étoit resté des Vers malades, on est assuré de réunir sur les mêmes rayons les Vers sortis en même temps de maladie.

Il faut que les filets soient d'un fil assez fin pour ne pas peser sur les Vers, & que les mailles soient assez larges pour donner passage aux Vers, mais assez serrés pour retenir la feuille de Mûrier qu'on jette dessus les filets.

Dans tous les changements, il ne faut jamais transporter l'ancienne couche d'un rayon à l'autre, mais au contraire la faire

fortir de la chambre à mesure qu'on les dé-
barraſſe , parce que la fermentation cauſeroit
trop de chaleur.

*Mettre enſemble les Vers à ſoie également
avancés.*

Il ſeroit à deſirer que les Vers à ſoie ſe
ſuiviſſent au même degré de croiſſance , &
qu'ils euſſent enſemble les mues ou maladies
qui leur ſont ordinaires , rien ne ſeroit plus
commode dans la ſuite pour tous les ſoins
qu'ils demandent.

Cela peut arriver lorſque les Vers ſont
tous éclos le même jour , qu'ils ont été
tenus dans des endroits également tempérés ,
& que leur nourriture a été exactement la
même : mais comme cela eſt rare , il eſt
néceſſaire d'avoir les attentions ſuivantes.

Il faut mettre les Vers qu'on leve , auſſi-
tôt qu'ils ſont éclos, dans des boîtes ſéparées , & ne pas mettre enſemble ceux qui
ſont éclos des jours différents ; il ſeroit
même à ſouhaiter qu'on pût ſéparer les Vers
de chaque levée ; quelques heures plutôt de
naiſſance avancent beaucoup les Vers dans
les autres différents degrés par où ils ont à
paſſer.

Lorſqu'on change les Vers à chaque maladie , il ne faut pas mettre ſur un même
rayon tous ceux d'un autre rayon , à moins
qu'ils n'euſſent mué tous à la fois , & qu'ils
ne fuſſent ſortis enſemble de leur maladie ;

il faut placer fur un même rayon jufqu'à
ce qu'il foit rempli, tous les Vers à foie
qu'on leve en même temps, ou le même
jour, de différents rayons, & continuer de
même à chaque maladie ; au moyen de
quoi, fi vous ne pouvez pas entretenir tous
les Vers d'une chambrée au même degré de
croiffance, vous y entretenez du moins ceux
de plufieurs rayons, & par-là tous les Vers
à foie d'un même rayon arrivent en même
temps à leur maturité & à la monte.

Lorfqu'on voit que les Vers à foie ne
font pas également avancés, on peut y remédier en donnant un peu plus à manger à
ceux qui font retardés, & un peu moins à
ceux qui font avancés.

Lieux où les Vers à foie peuvent être logés, & fur quoi ils peuvent être placés.

On peut loger les Vers à foie dans toutes
fortes de chambres, ou raiz-de-chauffée qui
ne font point expofés à l'humidité, au froid,
ni à la trop grande chaleur ; mais il convient, autant qu'il eft poffible, que l'endroit
foit expofé au Levant ou au Midi, qu'il y
ait une cheminée pour échauffer la chambre
dans le befoin, & fur-tout des portes & des
fenêtres qui ferment exactement. Les Vers à
foie peuvent être mis d'abord dans des boîtes, enfuite dans des corbeilles plates, fur
des tables, & en un mot fur toutes fortes
de planches, ou fur de grandes claies faites

avec de l'osier , des roseaux ou des cannes ;
mais quand on éleve une certaine quantité
de Vers à soie , il devient indispensable de
faire construire différents étages de tablettes
ou rayons , élevés d'un pied & demi de distance les uns des autres. On leur donne
toute la longueur qu'on peut , & la largeur
d'une toise au plus , & on les place de
façon qu'on puisse passer tout autour ; au
moyen de quoi on place une plus grande
quantité de Vers à soie dans une même
piece. D'ailleurs , comme les Vers à soie
craignent le soleil & le grand jour , ils sont
beaucoup plus tranquilles sur ces rayons ,
& moins exposés au grand jour ; & d'un
autre côté ces rayons deviennent nécessaires
à la maturité , pour établir les cabanes dont
on parlera dans la suite.

Comme les Vers occupent plus d'espace
à mesure qu'ils grossissent , il faut augmenter les tables & les rayons à chaque changement , & en avoir toujours de prêts aux
approches des mues ou maladies.

Chaleur à entretenir dans les chambres.

C'est un des articles qui demandent le
plus d'attention pour la bonne réussite des
Vers à soie , & pour les préserver des maux
auxquels ils sont sujets.

Ces maux peuvent leur être causés par la
mauvaise qualité de la feuille , ou par une
trop abondante nourriture ; mais ils sont

plus souvent occasionnés par trop d'humidité, par trop de froid, ou par une trop
grande chaleur.

Suivant les différentes expériences qui ont
été faites, la température la plus favorable
pour les Vers à soie, après qu'ils sont éclos,
est celle qui fait monter le thermometre de
M. de Réaumur au seizieme degré au dessus
de la congelation. On seroit assuré d'un
heureux succès, si on vouloit s'assujettir à
cette méthode. Toutes sortes de thermometres, même les plus communs, seroient également bons, & il ne seroit question que
de marquer sur les thermometres ordinaires
par des traits *distincts*, le point qui cor-
respondroit au seizieme degré de celui de M.
de Réaumur, ainsi que les autres degrés
dont on auroit besoin pour le temps que la
graine est mise couver; ce qui se feroit aisément, en mettant les deux thermometres à
côté l'un de l'autre. Une fois qu'un de ces
thermometres auroit été réglé, il serviroit à
en régler plusieurs autres.

On doit avoir attention à ce que le thermometre ne monte pas trop haut par l'effet
d'un trop grand feu, lorsque la chambre
est fermée, & sur-tout par la chaleur que
cause la fermentation des vieilles couches.

La saison étant ordinairement fort avancée
lorsque les Vers à soie approchent de leur
maturité, il arrive ordinairement que, malgré qu'on rafraîchisse la chambre en y faisant entrer l'air extérieur, on ne peut par-

venir à faire defcendre la liqueur jufqu'au feizieme degré ; mais dans ce cas il n'y auroit rien à craindre, la chaleur naturelle de l'air n'étant point dangereufe, lorfque celui de la chambre eft continuellement renouvellé.

S'il ne faifoit point d'air dans le temps des chaleurs, il faut donner à la chambre toute la fraîcheur que l'on peut, en laiffant même les fenêtres ouvertes pendant la nuit, s'il le falloit.

Au défaut des thermometres, on doit au moins obferver que depuis la premiere maladie jufqu'à la montée, il faut entretenir une température moyenne, & qui foit toujours à peu près la même. Or, comme il ne fait point affez chaud au commencement, que l'air fe trouve à peu près tempéré quand les Vers font vers la troifieme & quatrieme maladie, & qu'il fait chaud enfuite, il faut avoir attention de tenir la chambre fermée au commencement, faire du feu jufques vers la troifieme maladie, & retrancher enfuite le feu, en tenant cependant fermé pendant quelque temps ; mais depuis la quatrieme maladie, jufqu'à ce que les cocons foient faits, on peut tenir tout ouvert, en obfervant néanmoins de fe conduire felon le temps, c'eft-à-dire, que, fi le temps varie pour le degré de chaleur, il faut augmenter ou diminuer la chaleur à propos.

De la feuille de Mûrier à donner aux Vers à soie.

Le détail dans lequel on eſt entré au chapitre des Mûriers, fait connoître les différentes eſpeces de cet arbre les plus convenables aux Vers à ſoie. Il reſte à expliquer quelles feuilles leur ſont les plus propres, ſuivant leurs différents âges, & ce qu'il faut obſerver avant que de leur donner à manger.

Pluſieurs expériences ont fait connoître que les Vers à ſoie nourris avec une feuille cueillie dans un terrein ſec, réuſſiſſent beaucoup mieux, rendent plus de cocons & ſont moins ſujets aux maux qui les font mourir, que ceux qui ſont nourris avec une feuille ramaſſée dans un terrein extrêmement gras. D'où il faut conclure qu'une feuille qui a trop de ſuc, eſt la moins propre aux Vers à ſoie, qui, par leur nature d'une ſubſtance froide, viſqueuſe & très-humide, ont beſoin d'une nourriture qui corrige cette ſubſtance. En partant de ce principe, il faut faire attention :

1°. De donner dans les premiers âges la feuille qui a le moins de ſuc, parce qu'alors le Ver à ſoie demande moins de nourriture; de donner d'une feuille plus nourriſſante à meſure que le Ver à ſoie groſſit, & garder la feuille de Mûrier d'Eſpagne à la grande feuille, pour la donner après la quatrieme maladie, & juſqu'à ce qu'ils ſoient mis dans les cabanes.

2°. Dans le cas où l'on seroit obligé de donner trop tôt une feuille trop nourrissante par sa nature, il convient de diminuer son suc.

On peut y parvenir en ne donnant cette feuille qu'après l'avoir gardée deux, trois, & jusqu'à quatre jours, dans des sacs, ou dans des cuviers, ou enfin le temps nécessaire pour qu'elle ait perdu cette abondance de suc & d'humidité intérieure, funeste aux Vers à soie dans tous les temps de leur vie, mais encore plus lorsqu'ils sont jeunes. En général il vaut mieux donner la feuille fanée que trop fraîchement cueillie, parce qu'alors les Vers la mangent avec trop d'avidité, & s'engorgent.

Il ne faut jamais ramasser la feuille mouillée de la rosée, de la pluie, ou des brouillards ; ces sortes d'humidités peuvent faire devenir les Vers à soie ce qu'on appelle *gras*; ainsi il faut attendre pour ramasser la feuille qu'il ne reste plus de rosée, & que les brouillards se soient dissipés.

Si par une pluie continuelle pendant plusieurs jours on étoit forcé de ramasser la feuille, il faut absolument la faire sécher en l'étendant ou en la pressant avec des linges, mais jamais auprès du feu.

Il ne faut jamais donner la seconde feuille que poussent les Mûriers après avoir été dépouillés de leur premiere feuille.

On peut, à la naissance des Vers à soie, & jusqu'à la premiere maladie seulement,

leur donner de la feuille de jeunes Mûriers
qui font en pépiniere.

On doit avoir attention à ce que ceux
qui ramaffent la feuille aient les mains propres, & qu'ils n'aient point touché de l'ail,
du mufc, & d'autres odeurs fortes, & ne
jamais ramaffer & donner la feuille fur
laquelle il eft tombé une efpece de rouille
ou manne.

Comment il faut donner à manger aux Vers à foie.

Lorfque les Vers commencent à éclorre,
& jufqu'à leur premiere maladie, on peut
leur donner la feuille coupée affez menu
avec un couteau ; on la coupera encore,
mais moins menu, de la premiere à la feconde maladie ; enfuite on la leur donnera
entiere.

Plufieurs perfonnes, dans aucun temps, ne
coupent la feuille ; cette précaution n'eft
abfolument néceffaire que dans le cas où
la feuille fe trouveroit trop avancée & dure;
il doit fuffire alors de choifir la plus nouvelle, la plus tendre, ou celle des Mûriers
qui font en pépiniere. Il eft d'autant plus
aifé de fe procurer fuffifamment de la feuille
tendre, que les Vers en mangent fort peu
dans les premiers temps ; & d'ailleurs la
feuille étant entiere, il devient plus aifé de
lever les Vers à foie pour les changer. Il y
a même des perfonnes qui, pour les lever

plus facilement , au lieu de couper la feuille ,
la jettent dans la boîte en petits bouquets.

Les Vers à foie doivent toujours avoir à
manger , mais il faut faire attention de ne
point prodiguer la feuille ; il fuffit de leur
en donner deux fois par jour depuis la naiffance jufqu'à la premiere maladie , en couvrant légérement de feuille tous les Vers à
foie.

Trois fois par jour depuis la premiere
maladie jufqu'à la quatrieme , en augmentant toujours la quantité de feuille , à mefure que les Vers groffiffent ; enforte que
depuis la derniere maladie jufqu'à la maturité , on en met chaque fois de la hauteur
de près de trois pouces , & toujours en la
répandant uniment ; & on doit leur en donner alors quatre ou cinq fois par jour. On
s'accoutumera aifément à connoîtr la quantité de feuille qu'il faut donner chaque fois,
en obfervant fi la derniere qu'on a donnée
a été mangée trop tôt , ou ne l'a pas été
tout à fait. On doit avoir attention de donner toujours la feuille aux mêmes heures ,
mais en moindre quantité pendant le temps
des mues ou des maladies des Vers à foie :
outre que cette feuille trop abondante feroit
pour la plupart inutile & perdue , elle fur-
chargeroit & fatigueroit par fon poids les
Vers à foie , qui font , pour ainfi dire , alors
fans mouvement. Enfin lorfqu'ils font dans
les cabanes , il ne leur en faut donner que
très-peu à la fois , & feulement pour couvrir

ceux

ceux qui ne font pas encore montés, &
prendre garde en l'y jettant, de ne pas ébranler ceux qui font déjà montés & qui ont
commencé à travailler.

Lorfqu'on s'apperçoit que quelques Vers
font déjà fortis de maladie, on peut difcontinuer de leur donner à manger, jufqu'à ce
que tout paroiffe forti, ce qui arrive ordinairement vingt-quatre heures après, fi les
Vers à foie ont été tenus également avancés.

Au furplus, on ne ceffe dé donner à
manger aux Vers à foie pendant ces vingt-
quatre heures environ, que pour retarder
ceux qui font trop avancés, & pour donner aux autres le temps de les atteindre :
mais comme cette privation de nourriture
aux Vers entiérement fortis de maladie, ne
peut que leur être nuifible, on feroit encore
mieux de porter fur d'autres rayons tous les
Vers à foie qui font fortis de leur mue,
afin de pouvoir alors leur donner la nourriture dont ils ont befoin.

Lorfque les Vers font dans les cabanes,
il faut leur donner très-peu à manger, &
ne pas leur donner alors de la grande feuille,
parce que les Vers pourroient faire leurs
cocons deffus.

Des maux qui font périr les Vers à foie.

On a déjà obfervé que les maux des
Vers à foie leur viennent ordinairement d'une
mauvaife nourriture, ou donnée mal-à-pro-

pos, par le trop d'humidité, par le froid, ou par une chaleur exceſſive, d'où il réſulte qu'on préviendra une partie de ces maladies ſi on pratique exactement ce qui a été preſcrit.

Il reſte cependant à faire connoître les Vers qui ſont attaqués de ces maux, & ce qu'on en doit faire. Ces Vers s'appellent Vers *gras*, Vers *Paſſis* ou *Arpettes*, Vers *Jaunes*, & Vers *Muſcadins*.

Vers gras.

Les Vers gras qu'on peut trouver à chaque mue, n'entrent point eux-mêmes en maladie ; au lieu de reſter à la même place, comme ceux qui ſont bons, qui muent & qui ſe dépouillent, ils marchent, mangent toujours, ne ſe dépouillent point, & continuent à groſſir, pendant que les autres ne ſauroient manger. On diſtingue les Vers gras, en ce qu'ils ſont beaucoup plus blancs, qu'ils ſont comme onctueux, & qu'ils ont le muſeau plus étroit, plus pointu & plus luiſant. Ils périſſent un ou deux jours après le temps de la mue : comme en crevant ils ſaliroient les autres, ce qui leur ſeroit nuiſible, lorſqu'ils ſont dans cet état, & qu'on les voit courir ſur la feuille fraiche, il faut les ôter & & les jeter.

Vers maigres , appellés Paſſis *ou* Arpettes.

On ne voit guere de ces Vers appellés *Paſſis* ou *Arpettes* , qu'après la troiſieme ou la quatrieme maladie. Ces Vers ceſſent de manger , deviennent mous , ſe rapetiſſent en tous ſens de la moitié , & périſſent dans trois ou quatre jours.

Vers Jaunes.

Les Vers jaunes ne paroiſſent que lorſque tous les Vers ſont prêts à monter ; au lieu de mûrir , ils s'enflent , & il leur vient ſur la tête & le long du corps des taches d'un vilain jaune doré , qui s'étendent & leur gagnent enfin tout le corps. Il faut auſſi abſolument les jeter , attendu qu'en crevant ils ſaliroient leurs voiſins.

Vers Muſcadins.

On prétend que les Vers peuvent devenir ce qu'on appelle *Muſcadins* , à tout âge , c'eſt-à-dire , depuis leur naiſſance , & même lorſqu'ils ſont renfermés dans leurs cocons. Ils deviennent roides , & meurent preſque dans le moment. Leur couleur eſt d'abord d'un rouge vineux , & ſe change bientôt en blanc.

On n'en trouve ordinairement que peu à la fois , juſqu'au temps de la maturité ;

mais le mal eſt preſque général dans les
chambrées qui ne commencent à en être attaquées que quand les Vers ſont mûrs, &
qu'ils montent ; alors la plus grande partie
périt avant que d'avoir travaillé ; & ſi cette
maladie ne leur vient qu'après avoir commencé leurs cocons, ou après les avoir achevés, dans le premier cas, le cocon eſt preſque inutile, & dans le ſecond cas, il rend
fort peu.

Choſes nuiſibles aux Vers à ſoie, & atten-tions recommandées.

Le froid, l'humidité, d'un autre côté la
trop grande chaleur & une mauvaiſe ou
trop abondante nourriture ſont très-nuiſibles
aux Vers à ſoie. On a déjà obſervé comment
on pourroit les en préſerver.

Les vents, le bruit du tambour, des mouſ-
quets, du canon & du tonnerre leur font
auſſi du mal lorſqu'ils ſont montés, en ce
qu'ils peuvent les faire tomber. Il faut dans
ces cas avoir attention de bien fermer les portes & les fenêtres, pour que l'air ne ſoit
point agité.

On doit auſſi avoir attention pendant la
monte, de marcher doucement, ſi les planchers
ne ſont qu'en planches, & s'ils ſont pliants,
afin de ne jamais ébranler les Vers déjà montés ; ceux qui n'ont point commencé leurs
cocons tomberoient & ne remonteroient plus ;
& à l'égard de ceux qui auroient déjà com-

mencé leur ouvrage, comme le fil se coupe-
roit par le moindre ébranlement, ils aban-
donneroient leurs cocons, & ils en iroient
commencer d'autres, qu'ils ne pourroient
achever, n'ayant plus affez de matiere.

Il faut éloigner des Vers toutes fortes de
fumées & d'odeurs défagréables, même celles qui font fimplement fortes, comme le
tabac, le mufc, le gingembre, les épiceries,
l'ail & autres odeurs.

C'eft une erreur de croire que les parfums
raniment les Vers à foie : il eft vrai qu'on les
voit alors s'agiter & courir plus vigoureufe-
ment, mais ce n'eft que pour fuir des odeurs
qui leur font pernicieufes, ou pour éviter
une fumée qui les étouffe.

La fumée du bois, & principalement la
vapeur du charbon étant fort nuifibles aux
Vers à foie, il faut avoir attention, lorfqu'on eft obligé d'échauffer l'air par le feu,
de ne pas faire un feu trop clair à la cheminée, ni aucune fumée ; & fi l'on met du
feu dans une terrine ou réchaud qu'on pro-
mene dans la chambre, il faut n'y mettre
que de la braife bien allumée, & la couvrir
même avec un peu de cendre pour empêcher toute fumée & toute vapeur.

On répétera ici qu'on ne fauroit avoir
trop d'attention à faire fortir fur le champ
des chambres les couches qui fe trouvent
fous les Vers à foie : la fermentation, principalement lorfqu'il fait chaud, occafionne
une mauvaife odeur, & d'ailleurs cette fer-

mentation échaufferoit trop la chambre.

Il faut empêcher l'entrée des lieux où sont les Vers à soie à toutes sortes d'insectes, & principalement garantir les Vers à soie des poules & des souris qui les mangeroient.

On prétend qu'une goutte d'huile répandue sur un Ver à soie est capable d'infecter tous les autres ; ainsi il faut l'ôter aussi-tôt, de même que le papier & la feuille de Mûrier que le Ver à soie pourroit avoir touchée.

Il se trouve quelquefois des Vers qui ont été salis par l'eau dont ceux qui ont monté se vuident toujours avant que de travailler ; comme ces Vers ainsi salis ont la peau rude & n'ont point assez de flexibilité pour monter, & pour se tourner & retourner pour former le cocon, il faut les mettre dans un baquet, & les laver avec de l'eau, en les y remuant à poignée pendant quelques minutes ; on les met ensuite au soleil pour les faire sécher, & lorsqu'ils sont secs, on les transporte dans la cabane ; ils montent diligemment alors sur les rameaux.

A quoi connoît-on que les Vers à soie sont prêts à monter ?

C'est ordinairement neuf ou dix jours après la derniere maladie que les Vers sont prêts à faire leurs cocons. On connoît qu'ils demandent à monter lorsqu'ils jaunissent un

peu, qu'ils ceſſent de manger, que leur
muſeau s'allonge, & qu'ils deviennent tranſ-
parents & de la couleur de la ſoie même ;
ils marchent plus vîte qu'à l'ordinaire, ils
s'arrêtent de temps en temps, & on voit
qu'ils contournent la tête & une partie du
corps, comme pour chercher à s'appuyer.
C'eſt alors ſeulement qu'il faut les porter
dans les cabanes ; mais on ne ſauroit trop
s'attacher à profiter du moment, & les
obſerver d'heure en heure, même pendant
la nuit ; ſi on tardoit trop à les y mettre,
ils ſe raccourciroient, & ſi on les y mettoit
trop tôt, ils ne pourroient pas y prendre la
nourriture dont ils auroient encore beſoin,
attendu qu'on doit les mettre beaucoup plus
épais dans les cabanes, & leur donner beaucoup moins de feuille.

Cabanes pour la montée des Vers à ſoie.

Auſſi-tôt que l'on voit que les Vers commencent à être prêts à monter, il faut ſur
le champ & diligemment faire les cabanes ;
il eſt même à propos d'en avoir quelques-
unes de faites, & de préparer les rameaux
d'avance.

Les cabanes peuvent être faites de branches de bruyere, genêt, buis, ou de tel
arbuſte que l'on peut trouver ſans épines,
mais dont l'écorce ſoit rude, attendu que
ſi elle étoit unie, les Vers à ſoie monté-
roient bien difficilement.

M iv

On prépare les rameaux en ôtant de la tige sur la longueur d'environ un demi-pied, tous les brins qu'il pourroit y avoir & qui empêcheroient les Vers de monter facilement, & on ne laisse que le bouquet qu'on coupe quarrément. Et comme ces rameaux doivent contrebuter de haut en bas sur les rayons, il faut que les rameaux, depuis le pied jusqu'au sommet, soient plus longs que les étages ou rayons ne sont distants les uns des autres.

Après avoir fait sécher tous les rameaux, & les avoir battus pour en faire tomber toutes les feuilles, on les range par files sur les étages.

Ces files doivent être en travers des étages, éloignées l'une de l'autre de neuf à dix pouces, & de quatre à cinq pouces des bords. On fait tenir les rameaux en les appuyant par le pied, distants d'environ un pouce les uns des autres sur l'étage qu'on garnit, & en forçant le bouquet contre l'étage supérieur ; mais il faut en écarter les branches & les entrelacer avec celles d'une file à l'autre, pour qu'elles tiennent ferme. Une attention indispensable lorsqu'on entrelace ces petites branches, c'est qu'elles ne soient pas si serrées entr'elles, qu'il n'y ait par-tout une distance ou espace, où les Vers à soie puissent commodément placer leurs ouvrages & faire leurs cocons.

Les cabanes doivent être dressées sur des rayons ou étages qu'on aura nettoyés de leur

ancienne couche , & il faut toujours commencer par garnir de rameaux les étages
les plus élevés ; sans cette précaution , il
pourroit tomber de la vieille couche par les
joints des planches sur les cabanes inférieures ; d'ailleurs en appuyant & en forçant les
rameaux dessus , on dérangeroit les Vers
qui pourroient déjà avoir commencé leurs
cocons , & on pourroit peut-être même faire
tomber ceux qui seroient montés & qui
n'auroient point encore commencé à travailler.

Comme il se trouve toujours des Vers
raccourcis , qui auroient de la peine à monter sur les rameaux , il convient de mettre
du chiendent qui soit sec , ou de petites
branches , qu'on laisse coucher dans les
coins des cabanes , ou d'espace en espace ,
pour recevoir les Vers à soie qui ne pourroient grimper sur les rameaux plus élevés.

Temps de lever les cabanes.

Les Vers mettent ordinairement trois ou
quatre jours à faire leurs cocons ; mais comme sur un rayon , ou étage , ils ne montent
pas tous en même temps , il seroit dangereux
d'ôter les cabanes avant que tous les cocons
eussent été achevés , & d'un autre côté , il
ne convient point non plus de laisser trop
long-temps les cabanes ; mais on peut & on
doit les ôter une douzaine de jours après
que les Vers ont commencé à faire leurs
cocons.

De la maniere de faire la graine.

Les cocons qui font fermes, d'une foie plus unie , plus ferrés , & les plus approchants de la couleur de la tuile, font les plus propres pour en tirer la graine ; &, comme la graine eft produite par les papillons femelles, après qu'elles ont été accouplées avec les mâles , il faut y deftiner autant de cocons d'une efpece que d'autre.

On diftingue les cocons mâles en ce qu'ils fe terminent en pointe par les deux bouts, & qu'ils font plus gros par le milieu.

Ceux des femelles au contraire font ronds par les deux bouts , & étranglés par le milieu.

Une livre de cocons produit communément une once de graine , ce qui doit fervir à fe régler pour la quantité de graine dont on veut s'affurer pour la récolte prochaine.

Après avoir choifi la quantité de cocons néceffaire , on doit les dépouiller d'une enveloppe cotonneufe, ou efpece de duvet qui les couvre , ce qui donne plus de facilité au papillon pour en fortir ; on les perce enfuite avec une aiguille pour les enfiler à un fil de foie, & on fufpend ces cocons ainfi enfilés , pour attendre que les papillons les percent & en fortent.

Il faut être très-attentif à ne paffer l'aiguille que dans la fuperficie du cocon, afin

non feulement de ne pas percer les Vers,
mais encore de ne pas introduire l'air dans
les cocons.

Lorfque les papillons fortent des cocons,
on les prend avec les doigts par les ailes
ou par le corps, fans trop les preffer, & on
les porte dans une corbeille fur un morceau
de drap noir, ou de quelqu'autre étoffe de
laine de la même couleur. Auffi-tôt qu'ils y
font, les mâles s'accouplent avec les femelles ; on les tranfporte alors tous accouplés
fur un autre morceau de drap ou d'étoffe
noire, ou fur du linge, & on les y laiffe
enfemble pendant quatre à cinq heures,
après quoi on détache les mâles qu'on jette
par les fenêtres. Mais il convient de ne lever
les papillons de deffus les cocons & de ne
les mettre enfemble que le matin ; afin d'en
pouvoir fuivre les opérations, & de ne les
laiffer accouplés que le temps néceffaire.

Après avoir féparé les femelles des mâles,
il faut placer les femelles fur des morceaux
de drap ou d'autre étoffe de laine noire,
fufpendus à la muraille, elles y attachent
leurs œufs ; enfuite elles tombent & meurent.
Et comme il pourroit arriver que quelques
œufs fe détachaffent, il faut avoir la précaution de faire un repli au bas des morceaux
de drap pour recevoir les œufs qui pourroient tomber.

Lorfque tous les œufs font faits, on les
laiffe quelques jours à l'air pour les laiffer
fécher, on plie enfuite les morceaux d'étoffe

auxquels ils font attachés, & on les ...
dans quelque armoire ou autre endroit fermé, jufqu'au Printemps fuivant, qu'on les
détache avec un fou marqué pour les nettoyer & les faire éclorre. On recommande
de les détacher avec un fou marqué, parce
qu'avec un couteau on pourroit endommager les œufs. Mais pour conferver la graine,
il faut la garantir de l'humidité qui la pour-
rit, de la gelée qui tue le germe, & de la
trop grande chaleur qui pourroit la faire
éclorre avant le temps.

Il y a des perfonnes qui croient qu'au
bout de trois ans il faut faire venir la graine
d'un autre pays, prétendant qu'après ce temps
elle dégénere, & qu'il eft arrivé quelquefois
que la récolte a manqué par cette raifon.

D'autres perfonnes foutiennent au contraire
que la graine recueillie dans le pays même
où l'on doit élever les Vers, eft toujours
infiniment meilleure, parce qu'elle eft comme naturalifée au pays, au climat & aux
Mûrier qui doivent nourrir les Vers qu'elle
produit. On ajoute à cette raifon que la
graine qu'on fait venir des pays étrangers
ne réuffit que très-médiocrement la premiere
année; que d'ailleurs ceux qui en font commerce, peuvent vendre de la graine de deux
ans, qui, par cette raifon, a perdu fa fécon-
dité: qu'elle peut provenir des femelles qui
n'ont point été accouplées avec des mâles,
& qui par conféquent n'eft point féconde;
& que d'un autre côté ceux qui font de la

graine pour en vendre, y emploient les plus mauvais cocons.

De la néceſſité de faire périr les Vers dans les cocons, pour les conferver juſqu'au temps qu'on tire la foie.

Comme le papillon ne ſauroit percer le cocon pour en ſortir, ſans en rompre la contexture, & qu'alors il n'eſt plus poſſible d'en tirer la ſoie, il convient d'étouffer le Ver dans le cocon avant qu'il ſe change en papillon.

Pour cet effet, auſſi-tôt que les cocons ont été détaches des cabanes & qu'on a choiſi ceux qu'on deſtine à faire la graine, on renferme tous les autres cocons dans de grandes corbeilles ou paniers couverts de papier arrêté avec une ficelle : on met les corbeilles ou paniers dans un four immédiatement après que le pain en a été tiré ; on les y laiſſe une heure ou deux, juſqu'à ce qu'on n'entende plus le bruit que ces inſectes font en remuant dans leurs cocons, & lorſque les paniers ont été retirés du four, on les enveloppe dans de groſſes couvertures, pour achever d'étouffer les Vers que la chaleur du four n'auroit pas encore fait périr. Mais comme le degré de chaleur pourroit être encore trop fort à la ſortie du pain, principalement ſi le four avoit déjà été chauffé plusieurs fois le même jour, il convient pour l'eſſayer, de mettre le bras dans le four, & si la main ne peut pas un petit moment en soutenir la chaleur, il faut attendre que le four soit moins chaud.

Cette méthode a ses inconvénients : si le four n'étoit point assez chaud, tous les Vers ne mourroient point, & s'il y avoit trop de chaleur, il y auroit à craindre que la soie ne se brûlât.

Pour ne s'y point exposer, il y a des personnes qui préferent un autre moyen. Ils exposent pendant quatre ou cinq jours de suite, les cocons à la plus grande ardeur du soleil ; & les y laissent, chaque jour, pendant quatre ou cinq heures. On prétend que les Vers y périssent immanquablement ; & pour plus de sûreté, après avoir retiré les cocons sur les trois heures après midi, on les enveloppe dans des couvertures bien chaudes, & on les porte tout de suite dans un lieu frais. La chaleur concentrée dans les couvertures étouffe plutôt les Vers ; elle les déssèche entiérement, & ils ne conservent plus aucune humidité ; au lieu que la trop grande chaleur du four fait crever le Ver dans le cocon, ce qui gâte la soie.

L'Auteur de ce dernier sentiment ne conseille l'usage du four, que dans le cas où un temps de pluie ne permet pas d'exposer les Vers au soleil, qui ne paroît point alors ; mais dans ce cas il recommande de ne laisser dans le four aucune braise, ni aucune cendre trop chaude, & d'avoir toujours l'attention d'ôter des cocons tout le duvet ou fleuret qui les enveloppe, ce qui se fait en tournant autour des cocons avec le pouce & sans y employer les ongles. Sans cette précaution le feu pourroit prendre aisément au duvet dans le four ; & d'ailleurs ce duvet n'est propre qu'à être filé au rouet ou à la quenouille.

REMARQUES

D'un Auteur Moderne sur les Vers à soie.

Des Vers à soie.

LE Ver à soie est une des productions des plus riches & des plus surprenantes de la nature. Il fournit l'utile, l'agréable & le merveilleux.

Quoique cet insecte ne vive guere plus de six ou huit semaines, dont il en passe quatre dans une espece de léthargie, où il ne demande ni nourriture ni soins ; & quoique pendant les deux semaines d'action, il n'ait besoin que de feuilles de Mûrier, cependant dans ce court espace de six semaines, il change sept fois de peau, & prend six formes différentes. De graine, qu'il est d'abord, au bout de quatre jours il devient un Ver, qui, dans quinze jours, quitte & reprend quatre peaux différentes. Puis il s'ensevelit dans une épaisse coque ou cocon, où il devient œuf ou feve pendant huit ou dix jours. Après quoi il en sort changé en un papillon, qui périt de lui-même en deux jours, retourne dans son premier état de graine, & renaît en quelque sorte de ses propres cendres.

Avant

Avant que de penſer à nourrir des Vers à
ſoie , ayez un lieu propre pour les loger ;
& aſſurez-vous de Mûriers qui puiſſent fournir ſans interruption à leur nourriture. Ces
inſectes demandent beaucoup de ſoin pendant le peu de temps qu'ils ont à vivre.

Une once de graine de Vers à ſoie ſuffit
pour conſommer les feuilles de ſix grands
Mûriers blancs , mais la feuille des Mûriers
noirs étant plus dure , plus forte & plus nourriſſante , on compte qu'un Mûrier noir équi-
vaut à trois blancs.

La graine de Vers à ſoie peut éclorre
d'elle-même ; mais c'eſt ce qu'il ne faut point
attendre. En l'aidant par une chaleur artificielle , tout naît preſque à la fois , c'eſt à-
dire , à trois ou quatre jours de différence.

On prend donc de la graine , quand les
feuilles de Mûrier commencent à s'épanouir.
On la trempe une demi-heure dans de bon
vin frais tiré , & on la fait ſécher au ſoleil
ou au feu , ſans cependant l'échauffer trop.

On met cette graine trempée ou non
trempée , dans une boîte neuve , dont le
bois ſoit mince & léger , & garnie en dedans de papier ſec. On y met la graine un
peu épaiſſe , & on la couvre d'une autre
feuille de papier , percée & criblée. On
place cette boîte entre deux oreillers de plume , chauffés médiocrement au feu ou au
ſoleil , le tout enveloppé d'une bonne couverture , & de temps en temps on réchauffe
la boîte. Il faut à peu près une chaleur égale

à celle du lit où l'on couche. On reste trois
jours sans visiter la graine, & tou ours on
l'entretient en une même chaleur. Au bout
de ce temps on voit les Vers paroître.
Alors on leur donne des feuilles de Mûrier
bien fraîches, & de bon papier où il y a
des trous faits avec des ciseaux ou un poin-
çon, par où ces petits Vers passent pour
prendre les feuilles de Mûrier. On leur donne à manger deux fois par jour, à six heures du matin, & à six heures du soir ; &
trois fois, dans le temps de leur mue.

Une once de graine de Vers à soie peut
donner huit à dix livres de soie.

Plantez les Mûriers à quatre toises de distance l'un de l'autre. Ceux qui sont élevés
dans un terrein maigre, exposé au soleil,
& éloigné des sources d'eau, réussissent le
mieux.

Il ne faut cueillir les feuilles, que quand
le soleil a bien séché la rosée ou la pluie.
On doit prendre garde d'écorcer ni rompre
les branches du Mûrier. On coupe avec une
serpette tout ce qui est effeuillé.

*Méthode assurée pour garder la graine des
Vers à soie.*

Les bons Magnaguiers, dont le nombre
est petit, placent leur graine en Eté, d'a-
bord après la ponte, au fond d'un coffre
qui est dans un Cellier, ou dans l'endroit
le plus frais de la maison. Lorsque le froid

commence à se faire sentir, ils pendent le paquet aux graines au plancher de la chambre à coucher, ou bien dans celle où ils font du feu pour le ménage : ces chambres sont mal bouchées dans les campagnes : l'unique fenêtre par où le jour vient est le plus souvent ouverte pendant le jour ; la graine est à un coin du plancher, loin de la cheminée & des ouvertures par où l'air & le froid peuvent entrer.

Lorsque la gelée survient, on enveloppe le paquet, on l'attache au ciel du lit en dedans & du côté des pieds : si le mois de Février & Mars sont chauds, on reporte le paquet à la place qu'il avoit en Eté, ou dans une autre approchant, selon le plus ou le moins de chaleur qu'on éprouve. Nos Magnaguiers imitent en cela, sans le savoir, la prudence de la fourmi, qui loge ses œufs plus haut ou plus bas en terre, selon que la saison est plus ou moins rude.

L'on voit par cet exposé, que la regle générale est de s'accommoder au temps ; & de plus, qu'il n'est pas nécessaire pour hiverner les graines d'un degré déterminé de chaleur ; il suffit ici comme dans toute la conduite des Vers à soie d'un à peu près : une plus grande précision, trop gênante pour les Magnaguiers, seroit outre cela fort inutile.

Si l'on vouloit cependant avoir quelque chose de moins vague sur la chaleur que la graine reçoit dans les expositions précédentes ; je dirai : 1°. Qu'à en juger, soit par estime, soit d'après le Thermometre, elle est le plus souvent au dixieme degré au dessus de zero. 2°. Dans les Etés les plus chauds, elle a pendant le jour à la cave 15 à 16 degrés de chaleur, qui est la température ordinaire des endroits les plus frais des maisons au fort de l'Eté. 3°. Le froid qu'elle éprouve en Hiver pendant les fortes gelées est de quatre à cinq degrés au dessus de zero.

Il y a des grottes qui à une certaine profondeur ont constamment l'Hiver & l'Eté le même degré de chaleur, savoir du dix au douze, à peu près comme les caves de l'Observatoire de Paris : ces grottes, que je suppose seches & spacieuses, seroient plus propres que nos caves à l'hivernage des graines en toute saison, sans (*d*) qu'il fût besoin de leur faire changer de place depuis la ponte jusqu'à la couvée.

On pourroit ajouter aux précautions dont je viens de parler, celle de ne détacher (*e*)

(*d*) M. l'Abbé Nollet, qui avoit lu dans ce Mémoire en manuscrit ce que j'y dis des grottes, dit que c'étoit un usage fort connu en Italie.

(*e*) Les Magnaguiers choisissent un beau jour pour détacher leurs graines : cette opération, qui est simple, demande cependant de l'adresse, de l'usage, & beaucoup de patience, pour ne pas perdre de graine en l'écrasant ; on la fait sur un drap étendu à terre pour recevoir la graine qui saute loin. La façon ordinaire de s'y prendre, est de poser sur le

la graine des lambeaux d'étoffe où elle a
été pondue, que quelques jours avant la
couvée ; elle s'y conserve beaucoup mieux :
occupant de cette façon une plus grande
étendue, elle ne rifque pas de s'échauffer (*f*)
comme lorfqu'elle eft long-temps en un tas.

Ceux qui font dans un ufage contraire,
ne manquent point, s'ils en favent la conféquence, d'étendre la graine dans l'endroit

---

genou l'envers du lambeau d'étoffe, ou le côté oppofé à la graine, & de pouffer au deffous de celle-
ci une lame de couteau mince & émouffée, ou une
vieille pièce de dix-huit deniers, qu'on tient à plat
ou horizontalement pour mieux l'introduire entre l'é-
toffe ou la graine, fans entamer celle-ci, ni la tour-
menter. On vient plus aifément à bout de détacher
la graine, en la prenant à un certain fens qu'il faut
chercher à tâtons.

Si l'on a du loifir, on ménage mieux la graine,
en employant d'autres inftruments que les doigts ;
on prend l'étoffe d'une main en la pliant à l'endroit
où les graines tiennent, & en tenant le pli entre le
pouce & le doigt indice d'une main, on tire alors
de l'autre un des bouts de l'étoffe pliée ; la graine
paffe fucceffivement par ce moyen au haut du pli,
fe détache par cela feul plus qu'à demi ; en continuant de tirer, elle s'en fépare entiérement, & s'arrête entre les deux doigts qui ne la preffent que
mollement.

(*f*) Un Magnaguier de ma connoiffance avoit
trente onces de graine en un feul paquet pendu au
plancher de fa chambre : elle s'échauffa de façon,
par cela feul qu'elle étoit détachée, & en un tas,
dans un endroit tempéré, qu'elle vint à éclorre d'elle-
même quinze jours avant qu'il parût aucun bourgeon
de Mûrier ; ce qui fut autant de perdu.

où elle est hivernée : ils la gardent le plus
souvent dans des assiettes d'étain recouvertes
d'une assiette pareille : les matieres solides,
telles que les métaux, ne sont pas si sujettes
à prendre les variations du chaud & du
froid , & conservent long-temps la même
température. La graine est même par là plus
à l'abri des souris & des teignes, qui autrement y font souvent le dégât. Ceux qui laissent leur graine collée sur l'étoffe de la ponte, se tiennent aussi en garde de ce coté ;
ils ne se contentent pas de mettre l'étoffe
aux graines dans un sac, qui est le plus
souvent suspendu ; ils y donnent encore un
coup d'œil de temps à autre pour voir si
tout est en sûreté.

Il est bon de se souvenir encore qu'en
cherchant à garantir les graines d'une trop
forte chaleur, on ne les expose pas à un
nouveau risque en les logeant dans un endroit sensiblement humide ; je fis périr sans
retour des graines , en les suspendant au
dedans d'une glaciere : une moindre humidité , sur-tout dans un petit réduit qui n'auroit point de soupiraux , si elle ne tuoit pas
le germe de la graine , pourroit au moins
lui être nuisible & influer sur la santé des
Vers qui en éclorroient.

Conseil sur la maniere de faire les couvées des Vers à soie.

Dans ce pays-ci (à Alais) lorsque la saison n'est ni avancée ni reculée, les Mûriers poussent vers le milieu d'Avril : & la feuille des gros arbres a pris tout son accroissement vers le vingt ou le vingt-cinq de Mai ; il est d'usage alors de mettre les couvées environ au vingt-deux d'Avril.

Mais si la poussée des Mûriers a commencé dès les premiers jours, ou vers le milieu de Mars, on attend patiemment pour couver le douze ou le quinze d'Avril ; on laisse aux curieux de hasarder une ou deux onces de graine un mois plutôt, ou dès le temps que la feuille a commencé à paroître.

Je conseillerois cependant la pratique de quelques Magnaguiers, qui mettent huit à dix jours avant la grande couvée une pincée de graine dans quelque endroit chaud du logis : ils apprennent de bonne heure, par ce petit échantillon, le succès de leur graine, & dans la suite ils sont encouragés au pénible travail de la freze, lorsqu'ils voient déjà dans un coin de l'appartement des rameaux chargés de beaux cocons, qui leur annoncent le terme desiré de leur fatigue, & la récompense qui la doit suivre.

J'ajouterai que si l'on vouloit commencer la couvée un peu plutôt que le quinze ou le vingt-deux d'Avril, & qu'elle fût consi-

dérable , on devroit être pourvu de graine
de relais , au cas qu'on fût obligé de jeter
la premiere , ou bien partager ce qu'on a en
deux lots pour autant de couvées , qu'on
met à dix ou douze jours d'intervalle l'une
de l'autre ; ensorte que la seconde se fît
dans un temps où il y a moins à risquer.

Dans l'un & l'autre cas , sur-tout le dernier , il est à propos de ne pas hâter les
Vers ; il faut les laisser vivre quarante-cinq à
cinquante jours : au lieu qu'on doit abréger
ce terme lorsque la saison est reculée , & leur
faire faire de cinq en cinq jours les deux
ou trois premieres mues en les poussant par
le feu.

Je n'ai , au reste , prétendu dans les ter-
mes que je viens de donner , que de fixer
en gros les idées : il n'est personne qui ne
voie que ces regles doivent souffrir des excep-
tions , ou des changements , selon les lieux ,
les climats , & d'autres circonstances auxquelles les Magnaguiers doivent avoir égard.

De la quantité de graine qu'on met couver.

J'ai toujours observé que la réussite de
l'éducation des Vers à soie dépendoit en
partie d'une petite couvée : celle par exemple qui n'est que d'une once de graine ,
produit souvent , même entre des mains
novices , cent livres de cocons , ou au-delà ,
tandis qu'une couvée de dix onces , en donne à peine aux plus habiles & dans une

bonne réussite , soixante livres par once ;
& qu'une couvée de vingt onces produit
rarement , pour chaque once , au-delà de
vingt-cinq à trente livres de cocons.

La différence de ces produits peut venir
d'abord de ce que la graine en petite quantité est plus exempte des accidents ordinaires à celle qui est en un grand tas , soit
qu'on l'hiverne , soit qu'on la mette couver. La premiere risque moins de s'échauffer , la transpiration est plus libre , la graine
en devient plus saine & elle éclôt beaucoup
mieux. En second lieu les Vers qui en éclosent sont mieux soignés , parce que l'attention & la vigilance du Magnaguier sont
moins partagées ; on ne multiplie pas pro-
portionnellement le nombre de ces ouvriers,
à mesure qu'on augmente la quantité de
leur bétail.

D'ailleurs on loge les Vers provenus
d'une once de graine dans le même appartement où il pourroit en tenir quatre ou au-
delà. Ces insectes jouissent par conséquent
d'un air plus sain dans tous leurs âges,
sur-tout à la fraise & à la montée , où il
leur est plus nécessaire : une quantité déter-
minée d'air qui n'est respirée que par dix
personnes , perd bien moins de son ressort,
que celle qui passe par les poumons de
trente , & qui se charge de leur transpiration : plus on met de prisonniers dans un
cachot , plus on aggrave leur peine ; & enfin
les maladies épidémiques regnent d'autant

plus dans un Hôtel-Dieu , qu'il est pré
rempli de malades.

C'est d'après ces observations qu'on peut
rendre raison d'un Paradoxe , que le vulgaire oppose avec complaisance , à ceux qui
s'appliquent par leur recherches à perfectionner cet art. Les plus ignorants , vous dit-on,
y sont quelquefois aussi experts que les plus
habiles : cela peut être vrai pour les éducations , ou les couvées d'une ou de deux onces de graines ; mais l'ignorant a toujours
lieu de se détromper ; car il arrive que cette
premiere épreuve qu'il fait des talents qu'il
ne se connoissoit pas , le rend moins timide
pour une seconde couvée : le succès de l'once
où l'on avoit mis la pincée qu'on se dissi-
mule , est un apas séduisant pour la campagne d'après : on entreprend une éducation
plus considérable , où l'on perd au moins
tout le profit de la premiere.

Il suffit d'en être instruit , pour qu'on se
détermine à partager entre plusieurs ouvriers
une éducation nombreuse , & à faire , par
exemple , de trente onces de graine , trois
lots , pour autant d'éducations différentes.
Car , outre qu'il y a moins de risques que
trois Magnaguiers manquent tous à la fois,
chacun travaillera mieux dans le petit dis-
trict qui lui est assigné , & l'émulation seule
préviendra bien des négligences , qu'ils se
seroient permises sans cet aguillon : on

regarde trop à la dépense (*g*) sur cet article, parce qu'il est rare de bien entendre ses
intérêts.

Précautions en cinq articles très-essentiels qu'il
faut observer.

1°. Avoir de la graine de bonne couleur
qui ait été hivernée dans un lieu tempéré,
où elle n'ait pas été long-temps entassée, &
qu'on ait garantie des chaleurs qui arrivent
quelquefois à la fin de l'Hiver & au commencement du Printemps.

2°. Ne mettre couver que vers le temps
où, années communes, il ne gele plus.

3°. Ne mettre que peu de graine dans
chaque nouet, & qu'elle y soit au large.

4°. Ne pas presser la couvée, quelque
avancée que soit la feuille, & graduer la
chaleur, de façon qu'elle aille à peu près
de jour en jour pendant la durée de la

(*g*) Nous donnons à un Magnaguier, avec la
nourriture, depuis douze jusqu'à vingt écus de gages, à proportion de ses talens, ou de la pre-
tention qu'il y a ; & cela pour une campagne,
qui dure quarante à cinquante jours. Ou bien on lui
laisse les deux cinquiemes, rarement le tiers des
cocons à la place de la nourriture & des gages : ce
second parti vaut mieux, & a moins d'embarras
pour le Maître, si le Magnaguier est entendu : il
est trop intéressé a bien faire, pour le négliger.

couvée depuis environ le quinzieme degré du Thermometre , jusqu'au vingt-huitieme ou environ.

5°. Enfin , éviter de donner à la graine une chaleur étouffée , & pour cet effet la remuer , la retourner de temps à autre , ouvrir plus souvent le nouet ou le linge , à mesure que la couvée avance , & sur-tout lorsque les Vers sont à la veille d'éclorre.

Nous insisterons encore sur cette éducation les préceptes suivants.

1°. Donnez en tout temps à vos Vers à soie la feuille la plus tendre , & sur-tout dans leur premiere jeunesse.

2°. Tenez chaudement vos Vers pendant leur jeunesse ; mais ne faites de feu en tout temps que sous un plancher élevé ou percé ; ou bien faites en peu , pour éviter que la chaleur ne se rabatte sur les Vers , & qu'ils ne respirent un air étouffé.

3°. Si la feuille est bien avancée à la couvée , ensorte qu'elle ait acquis trop de consistance pour l'âge des Vers qui s'en nourriront , poussez ceux-ci prudemment au moyen du feu , & des repas plus fréquents.

4°. Que vos Vers à soie ne chomment jamais de feuille lorsqu'ils ont chaud.

5°. S'ils négligent la feuille , s'ils en laissent perdre , ils ont froid ou ils sont malades , il faut retrancher une partie de

celle des repas ; elle épaissiroit la litiere ,
& une litiere trop épaisse s'échauffe , pour-
rit , & rend les Vers malades.

6°. Tenez vos Vers serrés dans leur jeunesse , éclaircissez les à mesure qu'ils croissent.

Changez enfin la litiere à la veille & au
sortir de la mue.

LETTRE LXV.

Sur les différentes especes & variétés des Mûriers.

Si vous avez, Monsieur, occasion de voyager dans le Poitou, je vous invite très-fort de passer par la Rochefoucault, petite ville de l'Angoumois; c'est là où vous apprendrez de quelle ressource sont pour un pays les plantations de Mûriers: vous en verrez dans tous les environs de cette Ville: & si vous consultez les habitants, comme j'ai fait lorsque j'allois herboriser dans ces cantons, ils se feront un vrai plaisir de vous détailler tous les avantages qu'ils en retirent. Il y a au plus trente ans, me raconta un Bourgeois de la Rochefoucault, que nous connoissons les Mûriers dans ce pays, & actuellement nous n'avons presque plus d'autre commerce: c'est à M. le Duc de la Rochefoucault que nous sommes redevables de ces belles plantations que vons voyez aujourd'hui. Ce Seigneur continuellement occupé des moyens propres à soulager les pauvres de ses terres, pensa qu'il ne pouvoit mieux faire que d'y élever des Vers à soie; cela donnera de l'occupation aux misérables, & leur fournira en même temps la facilité d'avoir du pain pour vivre: c'est ainsi que raisonna pour-

lors notre très-honoré Seigneur , continua ce
Bourgeois ; il fit planter en conséquence une
infinité de Mûriers dans tout le Duché. Mais
il n'en resta pas là , il engagea tous ses Vas-
saux d'en faire autant ; & pour mieux encou-
rager ces Villageois , il accorda par pied
d'arbre une récompense fixe à tous ceux qui
en planteroient. C'est là , Monsieur, ajouta
mon interlocuteur , & je peux bien le répéter ici avec lui, la vraie façon de s'y prendre avec les habitants des campagnes , si
on veut les faire entrer dans nos idées , il
faut que ce soit la récompense qui les ani-
me. Les commencements d'un établissement
sont toujours très dispendieux ; mais une ame
bien née , est bien dédommagée d'une pareille dépense , dès qu'elle n'a en vue que
le bien de l'humanité , & qu'elle est persua-
dée , comme l'étoit M. le Duc de la Rochefoucault , qu'un jour on pourra faire subsister par ce moyen une infinité de malheureux. Il ne suffit pas d'avoir des Mûriers ,
repliquai-je , il faut encore savoir élever les
Vers à soie. Comment les habitants de ce
pays ont-ils pu se mettre au fait de leur
éducation ? M. le Duc y a encore pourvu ,
me répondit-il ; il a fait venir du Languedoc des personnes instruites , auxquelles il a
donné de bons appointements pour apprendre gratuitement dans ce pays la façon de gouverner des insectes aussi précieux; une attention
encore que vous aurez peut-être de la peine
à vous imaginer , m'ajouta-t-il , de la part

de ce Seigneur respectable , c'est d'être entré
lui même dans tous les détails du dévidage ,
& d'avoir accordé des gratifications propor-
tionnées à la qualité & à la quantité de la
soie que chaque Villageois lui venoit pré-
senter : celle qui en fournissoit la plus grande quantité & la plus belle , étoit toujours
sûre d'avoir au moins douze livres de récompense , une autre six , d'autres trois , &
ainsi de suite : & il leur faisoit en outre
payer la soie à part. Vous pouvez juger ,
Monsieur , combien ces pauvres paysannes
s'empressoient à l'envi les unes des autres de
se distinguer dans leurs travaux. Madame
la Duchesse d'Aville , qui possede à présent
la terre de la Rochefoucault , jouit de l'avantage de ces établissements : on peut par conséquent dire de M. le Duc , ce que Cicéron
a répété si sagement d'après le Poëte : *serant
arbores qui alteri seculo profint.* Cette D me
respectable fait distribuer les feuilles des Mûriers de sa terre à tous ceux qui veulent
élever des Vers à soie ; à condition cependant que la moitié de la soie qui en proviendra lui appartiendra , & que pour ce
qui est de l'autre moitié , elle reviendra à
ceux qui ont pris soin de l'éducation des
Vers. Elle fait ensuite acheter leur moitié ,
pour pouvoir leur en faci iter le débit. La
récolte de soie des années précédentes s'est
montée à près de 400. liv. Evaluons la livre
de soie à dix-huit livres , prix sans contredit
fort modique ; 400 livres feront 7200 liv.
dont

dont moitié eſt 3600 livres : il y a par
conſéquent 3600 livres d'argent répandues
pour les pauvres du Pays, & une augmentation de revenus de pareille ſomme pour
la Propriétaire. Après des preuves auſſi au-
thentiques des avantages qu'on peut retirer
des plantations de Mûriers, différerez-vous
Monſieur, plus long-temps d'en ordonner
dans vos domaines ? Vous augmenterez par-
là vos revenus ; vous ferez vivre une infinité de malheureux ; le commerce en ſera
plus floriſſant, & l'argent en circulera beaucoup mieux. M. le Duc de la Rochefoucault
en avoit encore fait faire des plantations
dans ſa terre de la Rocheguyon, ſituée ſur
la Seine auprès de Mantes, route de Rouen.

Mais, me direz-vous peut-être, vous
m'invitez continuellement à planter des Mûriers, il y en a de pluſieurs eſpeces ; comment connoître celles qui méritent la préférence ? Vous m'avez développé dans une de
vos précédentes la maniere de cultiver le
Mûrier, mais vous ne m'en avez pas encore
indiqué les différences. Je pourrois, Monſieur, vous répondre là-deſſus que vous ne
vous rappellez pas ſans doute ma trente-ſep-
tieme concernant le Regne Animal ; en parlant de l'éducation des Vers à ſoie, j'y ai
fait mention de quatre variétés de Mûriers ;
cependant pour ne pas vous obliger d'y avoir
recours, je vais vous en entretenir de nouveau dans la préſente, avec d'autant plus

O

de raison, que j'ai reçu depuis peu de nouveaux éclaircissements sur cet objet ; c'est de
la part du sieur Martin, originaire de Ba-
gnols, Entrepreneur des pépinieres royales
de Moulins en Bourbonnois ; ce Jardinier
m'a communiqué une note de toutes les
différentes especes ou variétés de Mûriers
qu'il cultive & qu'il pourroit même fournir
aux amateurs. Il en distingue de douze,
tant especes que variétés. La premiere se
nomme, suivant lui, Mûrier à feuilles bâtar-
des ; cet arbre croît très-vîte, & fournit
beaucoup de feuilles, étant placées très-près
les unes des autres, elles sont grandes, &
ont huit à neuf pouces de largeur sur neuf
à dix de longueur ; elles sont en outre dé-
coupées en quatre parties, deux de chaque
côté ; leur couleur est d'un verd clair, rien
n'est plus facile qu'elles à cueillir ; on les
vante beaucoup pour les Vers à soie. La
grandeur de ces feuilles diminue à mesure
que l'arbre vieillit.

La seconde espece ou variété de Mûrier
est la grosse blanquette ; cette espece de
Mûrier grossit fort vîte, elle pousse de très-
beaux jets de même que la premiere espece ;
sa feuille est ronde, mais un peu plus longue que large ; elle est aussi grande que
celle de la premiere espece, d'un tissu très-
fin & d'un verd jaunâtre.

La troisieme variété est le Mûrier sur-
nommé la petite Blanquette ; il leve très-

bien, produit beaucoup ; sa feuille eſt à peu
près de la couleur de celle de la groſſe Blanquette, mais elle n'eſt pas ſi grande, elle eſt
facile à cueillir, les arbres s'en dépouillent
ordinairement à la Touſſaint ; elle paſſe pour
être très-bonne pour les Vers à ſoie, mais
elle a un défaut ; c'eſt de tacher ordinairement
ſur la fin de la récolte ; mais principalement
s'il y a des brouillards ; c'eſt pourquoi on la
donnera aux Vers à ſoie un peu avant la frai-
ſe : on fera par conſéquent très-bien de ne
pas planter cette eſpece de Mûrier dans les
fonds.

La quatrieme eſpece de Mûrier eſt celle qui
ſe nomme Toute Fine : auſſi ſa feuille eſt très-
fine ; elle eſt ronde, & cependant un peu a-
longée ; l'arbre pouſſe par le bas des jets fort
gros, qui diminuent beaucoup en groſſeur
vers leur pointe : ces ſortes de jets ne ſe plient
pas facilement. Cette eſpece eſt d'ailleurs fort
facile à élever, & paſſe encore pour être très-
bonne.

On nomme la cinquieme eſpece, le gros
Pecourouge ; la feuille de cette eſpece eſt
d'une moyenne grandeur, d'un verd clair,
un peu jaunâtre ; l'arbre eſt extrêmement
feuillu & facile à dépouiller : un homme un
peu laborieux peut au moins cueillir cinquante livres de ces feuilles en une heure ; on
les eſtime beaucoup pour les Vers à ſoie.
La ſoie qui provient des Vers nourris avec
ſes feuilles, eſt très-fine. On nomme cette

efpece Pecourouge , parce que la queue eft un peu rouge. Quand les boutons de ce Mûrier commencent à fe gonfler , l'on voit paroître le fruit qui , quoiqu'il paroiffe femblable à la Mûre , n'en eft pas véritablement une , dit le Jardinier , & je penfe , Monfieur , qu'il fe trompe très-fort en cela. Ce fruit tombe quelque temps après , enforte que quand on cueille les feuilles , il ne s'y trouve point de fruit , du moins bien peu ; & quand il en refte , il eft de couleur grife.

La fixieme efpece eft le petit Pecourouge , il reffemble beaucoup au gros Pecourouge , fa feuille eft un peu plus petite & la queue eft un peu moins rouge ; cette efpece eft affez bonne , mais elle ne croît pas vîte.

La feptieme efpece eft le Mûrier noirâtre ; la feuille de cette efpece eft affez grande , d'un verd un peu foncé ; l'efpece en eft paffablement bonne ; l'arbre fournit d'ailleurs beaucoup : quoique la Mûre qu'il produit paroiffe noire , ce n'eft cependant pas le Mûrier noir qui fe plante dans les cours , & que ce Jardinier appelle Mûrier de Dame.

Il donne pour huitieme efpece le Mûrier qui provient de femence ; fa feuille , dit-il , eft trés-belle , & l'arbre vient vîte ; on peut le mettre au rang des meilleures efpeces.

La neuvieme efpece eft connue dans les

pépinieres de Moulins fous le nom de Feuille rofe ou de Feuille d'talie , dont je vous ai déjà parlé dans ma trente-feptieme fur les Animaux. La feuille de cette efpece eft d'une moyenne grandeur , à peu près comme celle du petit Pecourouge ; cette feuille , quand elle commence à vie i ir , devient rouge , & eft affez difficile à cueillir : l'arbre , d'ailleurs , vient beaucoup plus lentement que les autres efpeces , & ne croît pas iplus que le petit Pecourouge. Cette efpece eft fort commune du côté de Lyon , on n'y en cultive pas même d'autre ; elle a fon mérite , fans cependant être la meilleure. Le fruit en eft blanc , tacheté de gris.

La dixieme efpece eft le Murier qu'on nomme Feuille d'Efpagne , & fuivant d'autres , Feuille Romaine ; la feuille de cette efpece eft affez grande & ronde , fort épaiffe ; l'arbre n'en fournit pas une grande quantité , mais il n'eft pas moins abondant que les autres ; eu egard à la grandeur & à l'épaiffeur de la feuille ; l'extrêmité des branches en eft cependant affez garnie. Ce Mùrier vient trés-lentement ; on n'en donne ordinairement la feuille aux Vers à foie que lorfqu'ils font prêts à faire leurs cocons , encore fouvent ne leur vaut-elle rien ; la foie qui en provient eft un peu groffiere : le Jardinier qui nous a donné ces notes , dit qu'il ne s'attache pas à cette efpece , & qu'il ne la confeille même à perfonne.

O iij

Le Colomban est la onzieme espece ;
l'arbre fournit beaucoup , & sa feuille est
trés - bonne pour les Vers à soie. Il est
fort commun dans le Languedoc.

Le Bouquetier est la douzieme & la
meilleure espece ; la feuille de cet arbre est
assez belle ; il pousse des branches fort longues , & croît très-vîte ; c'est ordinairement
au bout de ces branches , que sont placées
les feuilles ; on vante beaucoup cette espece
pour être greffée ; la pourette qui en provient après la greffe , jette de fort gros
tuyaux , elle est bonne pour être mise en
pépiniere , & vient fort promptement. On
peut dire que de toutes les especes , il n'y
en a point de meilleure que celle ci , quand
on l'a greffée avec quelques-unes des especes
précédentes ; mais aussi , quand on n'a pas
eu l'attention de la greffer, c'est en revanche
la plus mauvaise.

Il vient , Monsieur , de paroître un traité
sur les Mûriers blancs ; on y développe
très-bien ses différentes variétés : ce détail
m'a paru être ce qu'il y avoit de plus intéressant dans l'ouvrage : aussi je crois ne
pouvoir mieux faire que de vous en donner
ici le précis.

L'Auteur de ce traité fait d'abord une
division générale des Mûriers en noirs &
en blancs ; il subdivise ensuite les blancs
en deux classes, les uns sont sauvages & les
autres greffés ; les sauvages , de même que

les greffés , forment encore les uns & les autres quatre familles. Parmi les Mûriers sauvages , la premiere espece est celle qu'on nomme feuille rose , elle est rondelette , assez conforme à celle du Rosier , dont elle prend sa dénomination ; elle n'en differe que par sa grosseur , qui lui est supérieure : son fruit est blanc , petit , & d'une douceur fade.

La deuxieme espece s'appelle feuille dorée , elle est très-luisante , & s'alonge sur le milieu , son fruit est petit , & sa couleur purpurine.

La troisieme espece est connue sous le nom de Reine bâtarde : sa feuille a deux fois la grandeur de la feuille Rose , elle est dentelée dans sa circonférence , & présente une pointe à son extrêmité : son fruit est noir & petit.

La quatrieme espece est nommée femelle , elle est armée d'épines ; elle pousse en même temps son fruit & sa feuille. Cette derniere ressemble exactement au trefle.

Les Mûriers greffés sont pareillement de quatre especes : la premiere est connue sous le nom de la Reine , elle porte une feuille luisante , plus grande que les autres , & un fruit de couleur cendrée. La seconde espece est nommée la grosse Reine : sa feuille est d'un gros verd , & son fruit d'un noir foncé. La troisieme espece s'appelle Feuille d'Es-pagne , nous la devons aux Espagnols. Elle eſt groſſiere , ſa feuille eſt grande , ſon fruit eſt noir , & d'une forme oblongue. La quatrieme eſpece porte le nom de feuilles de Flocs : elle a la nuance du verd de la feuille d'Eſpagne , mais elle eſt un peu moins longue ; ce qui diſtingue encore cette eſpece de l'autre , c'eſt que les fruits de celle-ci ſont en plus grande quantité & ne mûriſſent point.

Par les deux diviſions que je viens , Monſieur , de vous rapporter , vous pouvez remarquer 1°. que la ſeconde eſt beaucoup plus ſimple & plus claire que la premiere. 2°. Que, quoique ces deux diviſions paroiſſent au premier aſpect totalement différentes , elles ſont cependant à peu près les mêmes. 3°. Enfin que les Mûriers blancs ne ſe diſtinguent que par les noms qu'on a donnés à leurs feuilles. Au reſte toutes ces différences ne ſont que des variétés qui ſont uniquement dues au genre de culture , au climat , & à de pareilles cauſes accidentelles.

Mr. Linnæus & tous les Botaniſtes , n'admettent pas cette diſtinction ; ils ne reconnoiſſent qu'une ſeule eſpece de Mûrier blanc : quant au Mûrier noir , ils en font une eſpece différente , de même que du Mûrier qu'on cultive dans le Japon , & qui donne du papier. Le Pere de Halde rapporte qu'avant que de deſtiner au feu les branches de Mûrier , des feuilles duquel les Chinois nourriſſent les vers à ſoie , quelques-uns dépouillent les branches de leur peau , &

qu'ils en font un papier qui eft affez fort pour couvrir les parafols ordinaires, furtout quand il eft huilé & coloré. C'eft fans doute de cette derniere efpece dont ce Pere a voulu parler, qui eft celle que Linnæus nomme *Morus Papyrifera*. Le Pere de la Meze, dans le Journal de fon voyage de Chamaké à Ifpahan, par la Province de Guilan, en parlant d'un Village nommé *Kederlou*, dit que les maifons de ce Village font féparées les unes des autres par des plants d'arbres fruitiers & principalement de Mûriers dont les feuilles, ajoute-t-il, nourriffent des Vers à Soie, qui font le grand commerce & les richeffes du pays. Les Mûriers y font comme des bois taillis ; on ne les laiffe monter qu'à la hauteur d'environ cinq pieds : on les dépouille au Printemps de leurs feuilles, on coupe enfuite les branches ; l'été & l'automne en font produire de nouvelles, & le printemps fuivant fait naître des feuilles jeunes & tendres, qui donnent de la foie plus fine.

Avant que de finir, Monfieur, cette Lettre fur le Mûrier, je veux encore vous faire part d'une nouvelle découverte qu'a fait Mr. Larouviere fur cet arbre intéreffant. Il a coupé de jeunes branches de Mûrier dans le temps qu'elles font en feve : il les a fait battre pendant long-temps à force de bras avec de gros maillets, enfuite il a fait rouir les branches à la façon du Chanvre ; il a retiré

par ce moyen, de l'écorce du Mûrier une
filaſſe qui approchoit même pour la beauté
& la qualité de celle de la Soie : la tige
d'Apocin, qu'il a fait pareillement rouir,
lui a auſſi procuré de la filaſſe. Il n'eſt pas
douteux qn'on trouveroit dans l'ecorce de
la plupart des arbres, ſi on vouloit en faire
la recherche, quelque ſubſtance qui pourroit
du moins être ſubſtituée à notre Chanvre.
Je vous expoſerai, Monſieur, plus au long
dans une de mes ſuivantes, mes idées ſur
un objet auſſi intéreſſant.

M. Larouviere perfectionne journellement
les découvertes qu'il a faites ſur les aigrettes
de l'Apocin : depuis l'année derniere que je
vous ai parlé, Monſieur, de cette plante,
il eſt parvenu à faire un velours dont la
trame & le poil ſont d'Apocin, choſe qu'il
n'avoit encore pu faire : ce Velours eſt très-
fort, il l'emporte ſur le Velours de coton,
il approche même beaucoup de celui de ſoie.
Le Velours qu'il faiſoit précédemment avec
l'Apocin n'avoit que la trame faite avec cette
plante, tout le reſte étoit de Soie ; & c'eſt
en quoi differe ce Velours nouveau. Il eſt
inutile de vous répéter ici la bonté des
flanelles de M. Larouviere, fabriquées auſſi
avec l'Apocin ; je vous les ai, Monſieur,
ſouvent entendu vanter : cette flanelle eſt
ſupérieure à celle d'Angleterre : vous m'avez
même écrit, Monſieur, dans le temps, que vous
vous être très-bien trouvé de ſon uſage pour vos

douleurs de Rhumatiſme. Rien n'eſt donc meilleur pour des camiſoles à l'uſage des hommes que cette flanelle. Monſieur La-rouviere fait pareillement fabriquer des camiſoles d'Apocin au métier , & il en fournit même depuis fort long-temps aux perſonnes les plus diſtinguées du Royaume. J'ai l'honneur d'être , Monſieur ,

Votre très – humble &
très - obéiſſant ſerviteur,
Buc'hoz D. Méd.

Le 7 Novembre 1769.

OBSERVATIONS

Sur la maniere de semer la graine de Mûrier blanc.

IL faut choisir une terre productive qui ait du fond, le plant que cette graine produit, cherchant à pivoter, & donner la préférence à celle dont la superficie est douce, légere, & meuble ; que le sol ne soit pas aride, humide ni froid, mais le plus sain possible, en bel air ; qu'il ne soit pas ombragé par de grands arbres quelconques, ni trop voisin des murs, des haies, de sorte que le soleil le puisse tourner : il ne doit pas être non plus en grande proximité des gazons, des prés & friches herbées qui produisent beaucoup d'insectes de terre qui dévorent ces semis dans leur naissance.

Un terrein de cette nature, qui aura été pendant un an en repos & sans culture, est préférable à celui qui aura été récemment en production quelconque ; mais il exigera plus de préparation, sur-tout si le fonds est en terre franche un peu compacte.

Cette préparation préalable consiste à le bécher dès le mois de Septembre en plein & gros guéret, le plus profondément possible ; on le couvrira aussi-tôt en entier de

gros fumier de cheval à demi confommé,
bien étendu & en quantité proportionnée à
la nature du fol, plus ou moins bon & pro-
ductif ; on laiffera le tout ainfi jufqu'à la
fin de Novembre ; les pluies de l'Automne
laveront ce fumier au bénéfice du fonds.

Alors, par un temps ferein, on divifera
une planche fuppofée de douze pieds (*a*) de
largeur fur vingt-quatre pieds de longueur
en fix parties marquées à chaque bout de
deux en deux pieds avec de petits piquets :
on tracera fur le bord de la planche une
tranchée de deux pieds de largeur, de laquelle on enlevera deux cours de beche de
la fuperficie, tant fumier que terre la meilleure, jettant ce qui fortira de cette excavation fur le côté & hors de la planche,
pour en former un fillon ; on reprendra enfuite la terre du fond de la tranchée d'un
ou de deux cours de beche dans toute la
largeur, laquelle on jettera fur l'autre bord
de la tranchée, oppofé au premier : cette
tranchée étant ainfi excavée, on fera dans
le fonds un gros guéret à la beche ou à la
tranchée, en retournant la terre de ce fonds,
fans l'enlever.

La premiere tranchée ainfi finie, on en

(*a*) On fe borne ici à un terrein défigné pour
une once de graine de Mûrier, qu'on peut doubler,
tripler, & augmenter ou diminuer à fon gré.

ouvrira une seconde , & la troisieme de suite
& de la mêm: façon , en jettant pareillement & diftinctement les terres qui en for-
tiront de droit & de gauche , de forte que
la planche fe trouve à moitié ouverte , &
l'autre moitié couverte de deux en deux
pieds : c'eft ce que nous appellons vulgairement augruller un terrein ; on le laiffe en
cet état pendant les mois de Décembre &
Janvier , quelque temps qu'il faffe. On aura
foin , en formant ces tranchées , de tirer les
groffes pierres , racines d'arbres , & autres
corps étrangers , qui ne font pas fufceptibles
d'une prompte corruption.

Vers la fin de Janvier , ou dans les premiers jours de Février , le temps n'étant pas
pluvieux , on recomblera ces trois tranchées
avec les terres qui en font forties , obfervant que la premiere qui en a été enlevée
foit jetée la premiere dans le fond , & que
la derniere fortie ferve à les combler en
entier , ce qui formera une efpece de fillon ;
d'après quoi on ouvrira trois autres tranchées dans l'entre-deux des premieres ouvertes , lequel en premier lieu a fervi a recevoir la terre de leur excavation. Ces tranchées refteront ouvertes , & tout le terrein ,
jufqu'au Printemps.

À la fin de Mars , ces dernieres tranchées
fe recombleront de la même façon des premieres : & le terrein ainfi bouleverfé , entiérement effondré dans toutes fes parties , ref-

tera brut jufqu'à ce que le foleil plus élevé, le temps devenu plus doux, plus chaud, aient mis la terre en humeur pour femer la graine.

C'eft ainfi qu'il convient, pour le mieux, de difpofer un terrein en friche & dans un fol un peu fort, comme on l'a dit ; mais dans une terre cultivée, naturellement meuble, & fuffifamment divifée, qui n'a pas befoin d'effondrement, laquelle aura été bien amendée, fumée, béchée & applanie, elle fe trouvera fuffifamment difpofée à recevoir la femence au Printemps.

Par un temps calme, fans vent ni pluie, point orageux, lequel il eft néceffaire de confulter, on herfera ce terrein pour l'applanir, ou avec le rateau ; on divifera la largeur de la planche en neuf parties de quinze pouces, dont une fera partagée en deux demi-parties de 7 pouces & demi chacune, qui feront les deux côtés ou bords de la planche, & les huit autres marqueront les neuf rayons du femis qui feront renfeignés fur le terrein par des piquets à chacun des bouts de la planche, de 15 en 15 pouces.

On tendra alors un cordeau de longueur d'un des piquets à l'autre, commençant à un des côtés de la planche, pour tracer avec un ferrement un rayon de 5 à 6 pouces de profondeur, & de fuite on fera la même opération aux huit autres rayons : après laquelle on tirera avec le rateau, fur les côtés de chaque rayon, la terre de la trace, qui doit s'y trouver un peu amoncelée, pour en former des especes de sillons dans les huit espaces de 15 pouces, afin qu'elles se trouvent bombées au dessus du fond du rayon.

C'est d'après cette disposition que le Jardinier répandra dans le fond du rayon, à la main, la semence le plus également possible, & de sorte que l'once de graine puisse remplir les neuf rayons. Pendant qu'il parcourra lesdits rayons, un autre le suivra avec un plein panier de terreau le plus meuble, qui aura été d'avance bien broyé dans la forme, & sans être trop humecté ; il le répandra sur la semence, & remplira le fond de ce rayon de deux bons pouces d'épaisseur de ce terreau.

Si, lorsqu'on veut semer cette graine, la terre se trouvoit seche au fond, qu'elle ne fût pas assez humectée, enfin qu'elle eût besoin de l'être, on differeroit au lendemain matin à répandre la graine dans le rayon, & la veille au soir on arroseroit le fond de ces rayons avec l'arrosoir, que l'on tient très-bas en parcourant tous les rayons.

Si la graine est bonne de la derniere récolte, & la terre qui la reçoit assez fraîche, il est inutile de faire tremper, si on ne le veut, cette graine dans de l'eau de la fosse à fumier, pendant huit à dix heures, mais jamais plus long-temps.

Si

Si on le veut encore , ou fi on le peut commodément , on répandra fur le terreau qui
couvre la graine , mais très-légérement , du
marc de raifin féché & paffé au four ; il empêchera les grandes pluies de batre la terre
& de fe fécher aux premiers rayons du foleil ,
ce qui forme toujours une croûte dure , em-
barraffante à rompre , & qui fouvent empé-
che le germe de la percer.

Cet efpace de 15 pouces n'eft point inutile
non plus que les fillons ; l'un & l'autre ont
leur application très utile : cet efpace facilite
les farclages , les binages & les cultures , &
les autres premiers petits foins , fans incom-
moder les plantes dans la premiere année : il
difpenfe des petits fentiers qu'on y pratique
vulgairement ; & dans la feconde année les
racines étant plus au large , celles d'un rayon
n'incommodent point celles de l'autre ; elles
s'étendent , le pivot devient plus vigoureux ,
& les tiges s'étouffent moins dans leur accroiffement ; elles reçoivent mieux les impreffions
de l'air.

Les petits fillons bombés parcourent & con-
fervent de la fraîcheur aux racines des
plantes ; ils n'empêchent point la chaleur ,
au contraire , ils fervent à concentrer l'effet néceffaire du concours de la chaleur
& de l'humidité , & lors d'une grande féchereffe , ces fillons fervent à foutenir les petits
rameaux qu'on peut pofer deffus en travers , pour en préferver les plantes naiffantes
fans les affaiffer ni les étouffer ; ils permettent

P

de faire les arrosements nécessaires par-dessus.

L'utilité de ces fillons ne se fait pas moins sentir dans l'automne & dans l'hiver suivant.

Dans le mois d'octobre, après les petites gelées qui font tomber les premieres & plus basses feuilles, par un temps sec, on coupe la terre de ces fillons par la moitié, pour s'en servir à chauffer les plants de chaque côté du rayon le plus haut qu'il se peut faire, de forte que le fillon se trouve transféré où étoit le rayon, & renferme tout le plant, & alors la place du fillon devient elle-même rayon : on tape un peu à la main ce nouveau fillon pour en affaisser la terre & mieux garantir les plantes des intempéries de l'hiver. Cette nouvelle raie ou petite rigole sert encore d'écoulement aux eaux ennuyeuses de cette faison ; elle les retire : en prolongeant ces rigoles au-delà du bout de la planche, dans son niveau de pente, elles peuvent prévenir l'inondation de la planche, conséquemment rendre le terrein plus sain.

Si on voit l'hiver se disposer à un froid très-rigoureux, on peut facilement remplir ces rayons ou raiz avec des aigrettes de chenevottes ; c'est le moyen le plus sûr de préserver les jeunes plants dans cette circonstance ; le fumier chaud entraîneroit après lui de grands inconvénients.

A l'approche du second printemps, c'est-à-dire, dans l'année suivante lorsque la belle faison s'avance, que le temps s'adoucit, que le bourgeon de la cime de la pourrette veut

commencer à s'enfler , on la déchauffe , en
rabattant dans la rigole la terre qui a été amoncelée pour couvrir le petit plant pendant l'hiver ; elle devient alors inutile , le plant ayant
acquis affez de force pour s'en paffer à tout
événement : il convient donc de remettre toute la planche à plat ; mais de quelque force
que foit ce plant , pour lui donner plus de
vigueur , on gagnera beaucoup fur fa progref-
fion , en le tondant à deux pouces au deffus
de la terre avec les forces qui fervent à tondre les buis ; enfuite on beche le terrein à
gros guéret , fans en rompre les mottes ; on
fonce la beche dans le milieu de l'efpace entre les rangées , fans rien craindre , mais plus
légérement & adroitement à l'approche des
plantes dont il faut ménager les racines encore bien tendres.

C'eft le feul labour qu'exige ce femis dans
cette feconde année ; il n'a plus befoin que
de quelques binages pour tenir toujours la
terre ouverte , afin de la rendre mieux difpofée à recevoir les impreffions de l'air , des rofées , des pluies & de toutes les influences des
faifons.

En fuivant cette méthode , on peut s'affurer de fe procurer de belles pourrettes avec un
pivot ou racine vigoureufe ; c'eft la partie
principale & néceffaire pour en foutenir la
tranfplantation , foit en pépiniere, foit à faire
des rideaux , &c. dans l'automne fuivante.

Si , pour fe procurer des arbres de meilleures feuilles, on veut tendre à la plus grande

perfection des femis , c'eſt dans cette année qu'il faudroit faire main - baſſe ſur tous les plants de mauvaiſes feuilles vers le mois d'Août, temps auquel la bonne qualité ou la mauvaiſe ſont en quelque façon décidées ; on doit les arracher du femis ſans regret, ou au moins les couper à mi-tige , pour les reconnoître dans la ſaiſon ſuivante , & en faire le choix ; mais il mérite des attentions & de l'expérience , car telle feuille qui ſera très découpée dans le ſe-mis , ſi elle eſt d'un verd clair , tranſparent, douce & fine au tact , elle pourra produire des feuilles pleines de bonne & de belle quali-té , lorſque le ſujet ſera bien tranſplanté en bon fonds de pépiniere , & qu'il y ſera recou-pé autant de fois qu'il l'exigera , pour pouſ-ſer une tige vigoureuſe ; mais on ne s'y trom-pera pas lorſqu'on ne s'attaquera qu'à des feuilles d'un verd brun, dures, ſeches, d'un goût aigre , ſoit qu'elles ſoient decoupées ou non, mais ſur-tout aux feuilles petites, rondes, qui reſſemblent aſſez à celles de l'ormille , & qui ſont d'un verd très-foncé ; le pivot en eſt or-dinairement gris , au lieu d'être de la couleur jaune de la carotte : cette eſpece là eſt la plus ſauvage & ne mérite que le feu.

PRÉCEPTES GÉNÉRAUX

Sur la graine de Mûriers blancs , les pépinieres & les plantations.

L'Ouvrage que M. Dubet vient de donner sous le titre de la *Mûriométrie* , nous fournit des matériaux pour augmenter ce recueil. Le naturaliste Cultivateur sera à portée de comparer les différents préceptes des Auteurs dont nous rapportons des extraits ; de se former une bonne théorie sur la culture des Mûriers , & sur l'éducation des Vers à soie , afin de s'affermir par une pratique éclairée , dans les principes qu'il aura puisés dans les différents écrits que nous avons extraits.

GRAINE DE MURIERS.

LEs pepins de mûres, sont ce que nous nommons *graines de Mûriers*, & le choix qu'on en fait, produit des variétés considérables dans l'espece du plant, & dans la qualité de la feuille.

Tout plant venu directement de graine de Mûrier, est connu sous la dénomination de *sauvageon* ; cependant il y a réellement des nuances si sensibles, que je n'hésite pas d'en faire en général deux especes de *sauvageons*.

La plus commune & la moins productive, est celle qui vient des pepins pris sur un arbre qui n'a jamais été greffé, & dont la feuille est presque toujours dentelée, comme la feuille d'Erable ; mais la graine cueillie sur un Mûrier greffé de bonne feuille, c'est-à-dire, de la *feuille rose* ou d'*Italie*, donne des plants vigoureux, d'une écorce vive, peu sujets aux maladies ordinaires des arbres, prenant rarement la mousse, & se coëffant admirablement bien ; la feuille en est belle, ronde, légere, & celle qui se rapproche le plus des vues des amateurs de la greffe. Les Vers réussissent très-bien avec une pareille feuille, elle produit des soies d'une belle qualité, & doit donner l'exclusion aux arbres greffés. (1)

J'appelle ce plant, *Mûrier franc*, le seul que je conseille aux Cultivateurs, & qui fasse des progrès rapides. Il est également bon pour haute & basse tige, & pour charmilles ou haies.

Il est à observer que cette qualité de graine, quelque bien choisie qu'elle puisse être, donne quelquefois des plants, mais en petit nombre, d'une nature foible, d'un bois épineux, d'une feuille maigre & dentelée. C'est un vice de quelques grains qui n'étoient pas en maturité, ou qui n'ont pas reçu assez de nourriture dans le fruit. On pare à cet inconvénient, en extirpant ce plant du semis, dès qu'on peut le

---

(1) M. Th*** est d'un avis qui paroît tout opposé. Question XVI. p. 294.

diftinguer. On peut encore le réferver pour
des haies ; fa nature eft à peu près la même
que celle du fauvageon commun, & les feuilles font excellentes pour les premiers âges du
Ver à foie.

Pour fe procurer de bonne graine , il faut
avoir en réferve quelques pieds de Mûriers
greffés de *feuille rofe*, qu'il ne faudroit jamais effeuiller , ou auxquels on devroit du
moins donner quelques années de relâche. Ces
arbres font encore préférables, quand le fujet
s'eft trouvé franc, tel que je viens de l'indiquer , & qu'on lui a donné l'écuffon de *Mûrier
rofe* greffé.

On ramaffe les fruits feulement à mefure
qu'ils tombent ; on ne choifit que les plus
beaux ; on les étend à l'air & à l'abri de la
pluie & du foleil pendant fept à huit jours ,
& on les remue fouvent.

Quand les fruits paroiffent dans leur maturité , on les écrafe avec la main dans un tamis , ou dans un fac de toile , qui baigne
dans l'eau , on continue cette manœuvre jufqu'à ce que la graine fe trouve bien purgée
du moût qui l'enveloppoit ; on jette enfuite
dans un fceau d'eau , la graine & le marc ,
on agite bien le tout , la bonne graine tombe
au fond , & on jette ce qui furnage ; on fait
fécher la graine , on la nettoie encore avec
foin , & on la conferve dans un lieu fec.

La graine de Mûrier fe feme après les froids
du printemps, dans une terre bien ameublie ,
abondamment fumée avec de bon terreau ,

& à l'abri des mauvais vents & de la dent
des animaux ; on la fait tremper dans l'eau
pendant vingt-quatre heures , on la mêle avec
du fable fin , fi l'on veut , & on la répand le
plus également qu'il eft poffible , dans des
rayons tirés au cordeau , à quatre par planche , d'un pouce à un pouce & demi de profondeur , & efpacés les uns des autres , d'environ dix pouces , pour donner la facilité de
faire de fréquents labours , & de dégager exactement les jeunes plants de toute efpece
d'herbes étrangeres , fans endommager les
racines.

On ne doit rien négliger pour donner aux
plants toute la force poffible avant l'hiver ,
dont ils ont peine à foutenir les rigueurs dans
les climats un peu froids , & ce font les labours multipliés , fur-tout après les pluies ,
qui les fortifient le plus.

Il ne faut pas trop accoutumer les jeunes
plants aux arrofements d'été , & ne leur jamais donner que le foir.

Les graines de Mûrier femées dans le courant de l'été , à l'inftant de leur maturité ,
levent très-promptement , & il s'en perd très-
peu ; il faut feulement obferver de les femer
un peu plus profond. Ces plants font expofés
à deux grands inconvénients ; celui de la féchereffe & des rigueurs de l'hiver , dont leur
foibleffe a peine de les garantir. On peut parer au premier , par des arrofements fréquents,
& à propos ; & on les fauve de l'hiver , en
les abritant. Le meilleur abri pour ce jeune

plant , eſt une couverture de 4 à 5 pouces d'épaiſſeur , de feuilles mortes qu'on ramaſſe en automne. A la ſortie de l'hiver, on coupe avec des ciſeaux, ces jeunes Mùriers à fleur de terre. On ne riſque rien même de mettre le feu aux feuilles dans un jour ſec. On gagne beaucoup quand on peut ſauver de l'hiver ce jeune plant.

Il eſt très-prudent, & même néceſſaire , de faire , à l'entrée de l'hiver , des abris avec des paillaſſons ſur tous les ſemis, par le moyen de baguettes plantées en terre, liées enſemble & diſpoſées en forme de toit ſur la longueur & largeur de chaque planche.

Des pépinieres.

Il ne faut jamais choiſir pour une pépiniere une terre trop fertile & trop engraiſſée , les arbres qui en ſortiroient, en rencontreroient rarement une autre de pareille valeur , & ne réuſſiroient jamais bien. Il la faut fixer dans un terrein médiocre & ſablonneux , qu'on doit défoncer une année d'avance , au moins de deux pieds de profondeur , en rapportant la terre vierge ſur la ſuperficie.

On doit, autant qu'il eſt poſſible , placer une pépiniere à l'abri des vents du nord , & la bien défendre de l'incurſion des animaux, par de doubles haies vives, & par un foſſé.

Au mois de mars , & dans un jour de beau temps , on arrache les jeunes plants d'une année ; on élague les branches inutiles, & on

n'en laiffe qu'une ; on coupe le bout des racines, celles qui font pivotantes, & celles qui
fe trouvent mutilées; on affortit les groffeurs,
on les trempe dans l'eau, & on les plante
dans des rayons tirés au cordeau de fept à
huit pouces de profondeur, à la diftance au
moins de trente pouces, & encore mieux de
trois pieds en échiquier; on coupe les tiges à
la hauteur au plus de deux pouces.

Si les plants viennent de loin, il faut les
faire tremper dans l'eau, à proportion du def-
féchement qu'on apperçoit aux racines.

Si la terre eft feche, on donne aux plants un
bon arrofement, qu'on leur continue jufqu'à
ce qu'on foit affuré qu'ils aient pris racine.

Dès que les plants ont pouffé plufieurs rejetons, à la hauteur de trois à quatre pouces,
on n'en laiffe fur chaque fujet, qu'un ou deux
des plus vigoureux ; l'arbre commence pour
lors à fe dreffer. C'eft l'opération abfolument
néceffaire de la premiere année.

Au commencement du printemps fuivant,
on vifite fcrupuleufement la pépiniere, on
choifit fur chaque Mûrier le fcion le plus vigoureux & qui paroît le plus propre à former
une belle tige, & on coupe le refte fans ménagement.

On recommence cette opération à plufieurs
reprifes, & jufqu'à ce que les arbres foient parvenus à la hauteur de cinq à fix pieds.

Tant que les arbres font en pépiniere, &
qu'ils font à la hauteur convenable, il en
faut fouvent élaguer les têtes, pour que la

seve se développe plus abondamment dans la tige , & la fortifie de plus en plus ; cette opé-ration doit se faire à la sortie de l'hiver & dans les temps que la seve n'est pas en mou-vement.

Le progrès des arbres dépend totalement des labours bien faits. Il est indispensable d'en donner au moins quatre par année, de deux en deux mois , en commençant à la fin de Février. Ceux qui se font après les pluies , font un effet merveilleux. C'est le seul engrais qui convient aux arbres, & qui en assure la du-rée.

Les Mûriers se multiplient très-promptement par la bouture & le provignement. Mais je me donnerai bien de garde de donner les détails de ces deux opérations , qui devroient être sévérement prohibées. Les Jardiniers qui font commerce d'arbres, sont malheureusement en possession de se livrer impunément à cet abus pernicieux.

Les arbres faits de boutures ou de provins, paroissent effectivement bientôt en valeur , mais ils dégénerent très-promptement, ne sont jamais ni sains , ni droits, ni vigoureux, ni bien enracinés, & la feuille s'abâtardit au point que les Vers les plus affamés la rebu-tent. Il est bien essentiel de préserver les pépi-nieres d'une pareille manœuvre.

Il s'en est encore glissé un autre dans les pépi-nieres publiques, qui mériteroit punition. Les Jardiniers pour la plupart, élevent des Vers à soie avec la feuille de leurs jeunes plants, c'eſt vouloir les détruire en naiſſant. Examinez ces arbres, s'ils ont été cueillis pluſieurs fois, vous leur verrez une tête maigre & épineuſe, la tige foible, une écorce raboteuſe, pleine de petites crevaſſes, qui dégénerent à la longue en gouttieres, & la mouſſe blanche s'en empare bientôt. Ce ſeroit inutilement qu'on voudroit faire revivre ces arbres par tous les moyens connus en agriculture. Le cours de la ſeve a été dérangé avant que le ſujet ait pris ſa conſiſtance, & le mal eſt incurable.

Voilà d'où naiſſent les degoûts des Cultivateurs obligés de paſſer par les mains des Marchands infideles, & ils le ſont preſque tous. Inconvénient qu'on ne peut éviter que par de nouvelles pépinieres, ſoumiſes à l'examen d'un inſpecteur éclairé, & conduites comme il vient d'être preſcrit.

La plupart des Cultivateurs ignorent l'art de donner une bonne tournure à leurs plants de pépiniere, & cet air de vigueur, qui annonce en effet la bonne conſtitution d'un Mûrier.

Il faut que ſa tige ſoit droite, & on croit y parvenir en donnant un tuteur à chaque pied, & en le forçant par des liens, à ſuivre le plan vertical, ſans courbure; c'eſt une dépenſe & un temps perdu. On doit laiſſer profiter les jeunes Mûriers pendant les deux premieres années, ſans les gêner d'aucune façon, & ne pas faire attention à leur mauvaiſe figure. Le grand point eſt de fortifier les racines par de fréquents labours. Au commencement de la troisieme année, il faut faire coupe blanche de toute la pépiniere, à un ou deux yeux les plus près de terre, & jamais plus haut. Quand les scions ont quatre à cinq pouces de hauteur, on laisse uniquement le plus vigoureux, qui dans très-peu de temps donne un jet très-droit, de la hauteur de six, sept, huit & neuf pieds, d'une écorce vive, sans tare & sans chicot. On arrête ce jet à la hauteur qu'on desire, & il commence à former sa tête. La plupart de ces plants sont plantables au commencement de la quatrieme année, & toute la pépiniere, après cette année révolue.

Il faut faire attention de raccourcir souvent les têtes des jeunes plants dans la pépiniere, pour empêcher que la charge des branches & du feuillage ne les fasse bercer, & ne leur donne un mauvais pli.

Si l'on projette des plantations à basse tige, les progrès seront plus rapides dans la pépiniere. Au commencement de la seconde année, on coupe les plants à la hauteur de douze, quinze à dix-huit pouces, & on les oblige de se coëffer, par le moyen d'une taille répétée, qui contribue à fortifier le pied. On doit laisser une de ces tiges basses entre chaque grande tige. Les arbres sont plantables à deux ou trois ans révolus, & on jouit très-promptement.

On ne doit point oublier qu'un arbre qui a langui dans une pépiniere, & qui y a passé plus de cinq à six ans, ne réussit jamais bien; C'est une vérité constante, & qu'on ne peut trop répéter aux Cultivateurs.

Des plantations à demeure.

Un terrein gras & fertile donne aux Mûriers une végétation prompte & vigoureuse, une feuille trop nourriffante, & une foie groffiere & lourde.

Les terres humides, fituées dans les vallons, près des rivieres & des ruiffeaux, donnent aux plants une abondance de feve étonnante, qui en peu de temps, en fait les plus beaux arbres, & les plus vifs. La feuille contient trop de parties aqueufes, les Vers la mangent avec avidité, mais elle les énerve, leur caufe beaucoup de maladies, retarde la montée, & la foie n'en eft jamais ferme.

Une terre fablonneufe & feche, en plaine ou en côteau, donne beaucoup moins de feuille : mais on eft amplement dédommagé par un plus grand fuccès dans les nourritures & par la beauté de la foie, qui réunit toutes les qualités qu'on peut defirer.

Les terres marécageufes font abfolument contraires à la nature du Mûrier.

L'expofition du nord & du couchant font les moins favorables, les Mûriers y font toujours tardifs, & fi l'on n'a que de pareilles plantations, on eft obligé de retarder la couvée des Vers, & on s'expofe aux inconvénients des chaleurs du folftice, qu'à la vérité, je crois qu'on redoute un peu trop.

Les feuilles gelent fouvent, & font tachées & brouies au bord des marais, dans un vallon

refferré, à l'abri d'une forêt, & dans toute
pofition où l'air ne circule pas librement.

On peut être certain que le Mûrier vient en
général par-tout où il trouve une terre végé-
tale, mais il eft démontré que les terreins propres à la vigne, affurent aux Cultivateurs une
réuffite plus conftante. Au refte, le choix des
pofitions n'influe que fur les quantités & qualités de la foie, & il y a toujours des bénéfices réels à planter.

Dans les Pays chauds, il faut, autant qu'on
le pourra, préférer le temps de l'automne à
celui du printemps, pour former les plantations, depuis la fin d'Octobre jufqu'à celle de
Décembre. Malgré la rigueur des hivers, les
arbres pouffent quelques chevelus, & fe trouvent plus difpofés à profiter des fucs végétaux,
que le retour du printemps met en mouvement. La faifon du printemps eft la plus favorable aux plantations dans un climat froid.

En plantant en automne, il eft très-avan-
tageux que les trous aient été ouverts l'année
précédente. Il fuffiroit de les ouvrir avant l'hiver, fi l'on ne plante qu'au mois de Février
ou Mars.

Cette précaution de faire précéder l'ouverture des trous, ne peut être trop recomman-
dée, elle influe finguliérement fur la végétation, elle avance la jouiffance de plufieurs
années, elle ameublit la terre, en développe
les fels, en fournit de nouveaux, & les arbres
ne languiffent jamais, fi cette opération a été
bien faite. Il eft même beaucoup plus avanta-

geux de retarder une plantation d'une année,
que de la mettre dans un terrein ouvert trop
nouvellement.

En général, plus les trous sont larges & pro-
fonds, plus long-temps les racines jouissent de
l'ameublissement de la fouille, & les arbres en
seront toujours plus vigoureux. La qualité du
terrein doit cependant décider les dimensions
des trous. Dans une terre légere & de bon
fonds, 5 à 6 pieds de diametre sur deux pieds &
demi de profondeur suffisent. Dans une terre
compacte, il faut donner un pied de plus de
profondeur. Dans un sol assis sur le rocher,
il faut étendre l'ouverture de 7, 8, 9 & 10
pieds.

Avant que de sortir les arbres de la pépiniere,
on doit avoir une attention qui paroît minu-
tieuse, mais qui est plus essentielle qu'on ne
pense, c'est celle d'observer, par une marque quelconque, l'exposition des arbres, &
de leur donner exactement le même aspect,
en les plaçant à demeure. Il est certain qu'il
y a une différence dans la conformation de
l'écorce & même du bois, qui sera sensible,
quand on voudra l'observer avec soin ; & que
ce n'est qu'au détriment de l'arbre, qu'on
change le premier ordre de la nature. L'expérience prouvera ce que j'avance, si l'on fait
des comparaisons justes.

Il faut de l'adresse & beaucoup de soin dans
l'arrachement, pour ne point mutiler ni éclater les racines.

Si les arbres ont souffert un long transport,
on

on fait tremper le pied dans l'eau, environ une demi journée, on rafraîchit ensuite le bout des racines, on supprime totalement celles qui pirotent, également que les plus gros chevelus qui paroissent altérés par le dessèchement : c'est une grande erreur de croire qu'ils facilitent la reprise de l'arbre, ils moisissent & pourrissent bientôt, & le mal fait souvent des progrès sur les racines principales. Ces derniers jettent toujours de nouveaux chevelus ; ce sont là les véritables canaux par où elles pompent les sucs nourriciers, qui se distribuent ensuite dans le corps de l'arbre.

On coupe jusqu'au tronc toutes les branches de la tête, à l'exception de deux ou trois des plus vigoureuses & des mieux placées, qu'on réserve pour former la nouvelle tête, & qu'on réduit à la longueur de quatre à cinq pouces.

Les arbres étant ainsi préparés, on garnit le fond du trou de la terre la plus meuble, & la meilleure qu'on peut avoir ; on place l'arbre sur cette bonne terre à la profondeur de 12 à 15 pouces. On arrange les racines dans leur ordre naturel, on les couvre de pareille terre d'environ 6 pouces. On met par-dessus une couche de bon terreau ou de gazons consommés de longue main. On assure bien la terre au pied de l'arbre, & on recouvre le tout de la plus mauvaise terre du trou, en forme de butte.

Si le terrein est trop compacte ou trop humide, il faut entrecouper la terre dont vous

rempliffez le trou de branches de buis, de
ronces, ou de toute autre efpece de menus
fagots & feuillages; cette opération entretient
la légéreté de la terre, & forme, à la longue,
un engrais très-favorable.

Il ne faut jamais mettre de fumier frais au
pied d'un arbre ; une terre bien ameublie fu-
fit. On peut la parfemer de rapure de corne.
J'ai vu des effets merveilleux de cette efpece
d'engrais, qu'il n'eft pas difficile de fe procurer, il n'en faut environ qu'une pleine main
par trou. Il n'y a point de meilleur remede
pour revivifier un arbre qui languit.

Il faut garnir d'épines chaque pied d'arbre,
& mettre un tuteur aux tiges les plus foibles,
en obfervant fcrupuleufement de placer un tor-
chon de paille entre deux. L'écorce du Mûrier, une fois écorchée, fe répare rarement;
& il en réfulte toujours une gouttiere ; maladie incurable, & qui épuife bientôt l'arbre, & dénature infailliblement la feuille.

La diftance à obferver entre les arbres, ne
doit pas toujours être la même. 17 à 18 pieds
fuffifent pour une bordure le long d'un champ,
ou pour former une avenue; mais on donne
6 à 7 toifes de diftance pour un quinconce
dans une piece de terre, dont on ne veut pas
gêner le labourage ni la récolte.

Les arbres nouvellement plantés exigent, la
premiere année, quelques arrofements dans les
temps de féchereffe, & au moins deux ou trois
labours immédiatement après des pluies, s'il
eft poffible. On doit les vifiter fouvent pour

fupprimer les bourgeons qui naiffent le long
de la tige , & qui ne fe nourriffent qu'aux
dépens de la tête de l'arbre , feul objet du
Cultivateur.

Pour former promptement la tête de l'arbre , on ne laiffe, la premiere année , que quatre à cinq des plus beaux jets , les mieux placés & d'égale vigueur. Si l'arbre ne pouffe pas
avec force ; il faut à la fin de l'hiver ne laiffer que deux ou trois rameaux qu'on réduira
à trois ou quatre pouces de longueur , & n'y
plus toucher de l'année , mais il faut recom-
mencer la même opération, l'année fuivante ,
fi la végétation n'a pas été plus vive. On
doit vifiter le pied de l'arbre qui peut être at-
taqué par des infectes , & lui donner un nouvel engrais.

Quand l'arbre eft bien vigoureux , je ne
confeillerai jamais de raccourcir les branches,
paffé la deuxieme année de taille ; il faut
même lui en donner un plus grand nombre,
& lui laiffer prendre librement fon effor. Le
Mûrier demande beaucoup de liberté , & on
ne fait que retarder la jouiffance , en donnant
à fon bois la taille ordinaire des arbres fruitiers ; il faut feulement avoir attention de détruire toute branche gourmande, de faux bois,
& de bois mort , & de donner beaucoup d'air
dans l'intérieur de la pomme d'un arbre ,
quand on s'apperçoit qu'elle devient trop
épaiffe.

Il arrive quelquefois que toute la feve d'un
arbre fe porte dans une feule branche , qui

devient bientôt plus grosse que la tige, qui succombe souvent sous le poids; & les autres scions maigrissent à vue d'œil. Il faut couper cette branche vorace, & la réduire à la longueur de 8 à 10 pouces, elle poussera de nouveaux jets, dont les plus beaux serviront à former une nouvelle tête, & la tige reprendra bientôt sa nourriture.

Quand le Mûrier a acquis un certain âge, & qu'on voit que sa feuille devient absolument maigre, il faut, à la fin de l'hiver, & avant la seve, couper entiérement en bec de flûte toutes les branches de la tête, leur laisser 12 à 15 pouces de longueur, déchausser le pied de l'arbre jusqu'aux premieres racines, & lui donner quelque engrais convenable. Il poussera une abondance de jetons, dont on ne laissera subsister que les plus propres à former une tête réguliere. C'est ainsi qu'on renouvelle un arbre & qu'on entretient une plantation dans toute sa vigueur. On peut cueillir la feuille de trois ou quatre ans, & la faire consommer dans le bas âge des Vers.

Quelques Cultivateurs attendent après la récolte de la feuille pour faire les étêtements, c'est une économie mal-entendue dans notre climat; le nouveau bois ne se trouve pas assez de force pour résister aux rigueurs de l'hiver; tous les nouveaux jets périssent ordinairement, & souvent même la tige; cet effet est encore plus assuré dans les arbres greffés. Cette méthode qui nous a été apportée des pays chauds, ne peut, tout au plus, réussir que dans nos

Provinces méridionales; mais elle ne vaut rien en général , & dans notre climat , elle ne doit être pratiquée qu'aux environs du mois de Février.

Dans plusieurs parties du Royaume , & en-tr'autre , en Languedoc, on prend assez communément le goût des plantations à basse tige , de la hauteur de 12, 15, 18 à 24 pouces : mais il faut être à même d'y sacrifier un terrein tout entier , & de l'enclorre pour le mettre à couvert de la dent du bétail ; il est certain que cette nouveauté a des avantages solides , & en grand nombre ; les arbres sont beaucoup plutôt formés , ils sont plus printaniers , ils donnent plus de feuilles , & ils sont moins fatigués par les orages. La récolte en est plus considérable & moins dispendieuse , la taille en est plus facile , & de pareils arbres n'exposent pas , à beaucoup près , les hommes à ces chûtes fréquentes , & à ces suites fâcheuses qui font frémir l'humanité.

Une plantation pareille , entrecoupée d'arbres de haute tige , varieroit l'âge & les qualités de la feuille , & seroit très-commode & très-propre à la nourriture des Vers à soie.

Il est très-essentiel , & même nécessaire de former le plus près de soi qu'il est possible , & à l'abri des mauvais vents , des plantations un peu nombreuses de jeunes plants de sauvageon de bonne espece , qu'on taille en forme de banquette à hauteur d'appui. La feuille qui en provient , est excellente pour le bas âge des Vers , & jusqu'au sortir de la seconde , même de la troisieme mue ; on ne peut pas trop multiplier cette espece de plantation, elle épargne considérablement la feuille des grands arbres, & les arbres mêmes. Quand cette plantation a acquis l'âge de six à sept ans, on la met en coupe réglée, le tiers tous les ans à fleur de terre. Les jets & la feuille se multiplient par cette opération ; & les Vers en naissant, ont toujours de la feuille tendre, dont la plus ancienne n'a que deux ans ; il est aussi très-facile de faire promptement des abris à quelques parties de cette plantation, & d'avoir en tout temps de la feuille seche.

Il faut avoir pour principe général d'écarter les Mûriers de toutes prairies artificielles, composées d'herbes pivotantes & voraces, comme la luzerne & le sainfoin. Les arbres périroient infailliblement & très-promptement, s'ils se trouvoient trop près de ces herbages, qui épuisent en peu d'années tous les sucs végétaux qui sont à une certaine profondeur.

De la maniere de cueillir la feuille sur les arbres de haute tige.

La culture du Mûrier n'est envisagée que relativement au produit de sa feuille ; mais sans des ménagements nécessaires dans cette récolte, on dégraderoit bientôt les arbres, & la qualité même de la feuille. Le Mûrier paroît soutenir, sans un dépérissement visible, le dépouillement annuel de sa feuille ; mais il n'est pas douteux que cet arbre ne fût beau-

coup plus vigoureux & ne durât plus long-
temps, fi on lui donnoit quelque relâche,
& je conſeillerois d'en réſerver tous les ans
un certain nombre, auxquels on feroit ſuccé-
der également tous ceux d'une plantation.

Les perſonnes chargées de ramaſſer la feuille, doivent ménager l'arbre en coulant la
main le long des branches, toujours de bas en
haut : par un ſens contraire, on écorche l'écorce & on détache, ou du moins on altere les
bourgeons de la ſeconde ſeve.

On ne doit point oublier de feuilles ſur les
branches, elles intercepteroient la ſeve qui ne
ſe répandroit plus également ſur la totalité de
la branche, qu'on verroit bientôt s'appauvrir
& dégénérer en buiſſon épineux ; c'eſt ce qui
énerve particuliérement le Mûrier ſauvageon,
qu'il ne faut pas héſiter d'étêter, quand il ſe
trouve dans ce cas.

On fait encore le plus grand tort aux arbres
en entrelaçant des branches ; au moins faut-il
les remettre ſoigneuſement dans leur premiere
poſition Le Mûrier eſt ſi ſouple, qu'il ſe prête
ſans réſiſtance à toutes les formes, bonnes ou
mauvaiſes, qu'on lui donne, & il les conſerve.

On ne doit point cueillir les ſommités des
jets de l'année, & encore moins la feuille de
ceux qui ſont d'une ſeconde pouſſé.

Après l'effeuillement de chaque arbre, on
doit en faire la viſite pour réparer le mal qu'on
appercevra, en coupant au deſſous les branches offenſées. C'eſt le temps auſſi de retran-

Q iv

cher toutes les branches gourmandes, celles de faux bois, qui effruitent bientôt la tête de l'arbre & les branches mortes ou qui languiffent.

Plantations deftinées à l'éducation du Ver à foie, à l'air libre.

La nature nous invite à avoir confiance en fes foins; toutes nos productions font foumifes à fes loix, & je ne connois que la récolte des foies qui paroiffe exceptée de cette marche univerfelle. On a tenté, dans plufieurs Provinces du Royaume, l'éducation du Ver à foie à l'air libre; quand ces effais ont été fuivis avec fageffe, les réfultats comparés au produit connu de notre régime artificiel, ont été en faveur de ce nouveau genre d'éducation.

La premiere idée de cette innovation nous effarouche, parce que nous ne voyons qu'un contrafte de procédés dans ces deux éducations. L'artificielle exige des foins à l'infini, une chaleur empruntée, des appartements clos, des fumigations, des heures marquées pour les repas, des feuilles feches, &c. &c. enfin, une complication d'opérations onéreufes, & fouvent fuivies d'un fuccès malheureux. Le régime à l'air libre rapproche le Ver à foie de fon principe, en le mettant au rang des chenilles ordinaires, & à la merci des événements naturels. Nous en retirons des foies les plus belles & les plus nerveufes, & fans aucune dépen-

se ; c'est ce dont conviennent tous ceux qui
ont fait des essais de ce genre.

Nous franchirions le préjugé , & nous por-
terions nos prétentions plus loin , si nous vou-
lions étudier sérieusement la nature du Ver à
soie , & l'arbre qui doit le nourrir. Ne voyons-
nous pas journellement que la culture de nos
récoltes n'a rien d'uniforme , & qu'elle varie
suivant la nature des plantes : conduisons nous
avec le même discernement pour celle du Mûrier & du Ver à soie.

Quiconque n'a pas ouvert les yeux , & n'a
suivi le Ver à soie que machinalement , prend
pour un obstacle invincible , dans l'éducation
à l'air libre , cette variété de température , ces
matinées , ces pluies froides & ces frimas du
printemps , qui nous alarment jusques dans
nos maisons mêmes. Erreur qui est décidée par
l'expérience Le Ver à soie ne périt point , ni
par le froid , ni par la pluie , il souffre patiemment & vigoureusement l'un & l'autre , & ne
contracte aucune maladie. Cet insecte ne craint
uniquement que la grande chaleur ; sur tout
celle qui est concentrée , & qui ne jouit pas
de la circulation & du ressort de l'air de nos
campagnes ; c'est ce que j'ai prouvé dans plusieurs endroits de ce Mémoire , & ce que je donne encore ici pour une vérité incontestable.

Si une gelée du printemps est assez violente
pour geler nos feuilles , l'éducation commen-
cée à l'air libre , est sans doute perdue ; mais
l'est-elle moins dans nos maisons ? Calmons
donc nos alarmes sur les fraîcheurs & les pluies

du printemps, & dirigeons nos plantations conformément à la nature du Ver à foie.

Cet animal eft le plus pareffeux de toutes les chenilles connues, & s'il ne trouve pas à-peu près une continuité de feuillages, il ne voyagera pas bien loin pour en aller chercher ; il fe laiffera même périr, fi la main de l'homme ne vient à fon fecours, & ne le déplace à mefure qu'il confomme les feuilles qui l'environnent. Voilà jufqu'à préfent la fource du découragement de tous les Cultivateurs, & ce ne feroit effectivement pas remplir le principal objet, qui eft celui de ne faire que très-peu ou point de dépenfe pour la récolte de nos foies.

Rien de plus facile que de fe conformer à la pareffe du Ver à foie, & le mettre à fon aife en l'abandonnant à lui-même. Le Mûrier par fa nature nous en offre des moyens infaillibles. Tout le monde connoît la foupleffe de ce bois, & avec quelle régularité il conferve le pli qu'on lui fait prendre, fans même le forcer, & avec quelle facilité on manie, on entrelace & on foude fes branches. Ce font ces qualités qui le rendent propre à remplir les vues du genre de plantation néceffaire à l'éducation du Ver à foie à l'air libre.

Il faut abandonner la taille des Mûriers de haute tige, commencer à fleur de terre l'arrangement des branches, & élever ces arbres en efpalier. On fait un foffé de deux pieds & demi de largeur, fur un pied & demi de profondeur, dans toute la longueur du terrein,

On choisit les plants les plus vigoureux d'une année, & encore mieux de deux ; on les plante avec les précautions prescrites, à la distance de quatre à cinq pieds. (1) On les recouvre & on les assure, on les rabat à six pouces de hauteur. Cette élévation fait qu'il reste plusieurs yeux à la plante, d'où doivent naître autant de jets, dont nous devons chercher ici à multiplier le nombre. Cette premiere année, on donne deux labours, & on laisse les plants dans toute leur liberté.

Au printemps suivant, on rabat la premiere pousse des jets à la moitié de leur longueur, mais s'il s'en trouve, qui par leur vigueur, paroissent devoir s'emparer de toute la seve de l'arbre, on les rabat à la hauteur de deux yeux au plus. Dans cette seconde année, on donne les mêmes labours, & on ne taille rien que les branches gourmandes, & celles qui pourroient affamer les latérales, qui sont les plus précieuses.

Au printemps de la troisieme année, après le premier labour, on commence à donner la forme de l'espalier, en assujettissant les branches latérales sur l'alignement du fossé, & le plus près de terre qu'il est possible, par le moyen de quelques bâtons fichés en terre. On

---

(1) En espaçant les plants seulement de trois pieds, l'espalier seroit plutôt formé, & on jouiroit plus promptement. Mais les plants, en grossissant, se nuiroient, s'affameroient, & périroient en partie. La distance de quatre pieds est la moindre qu'on puisse donner : il seroit même plus prudent de la fixer à cinq & à six pieds.

coupe à peu près la moitié de la derniere pouſſe, & les branches qui ont pouſſé ſur le devant de l'arbre, & qui ne ſont pas jointes aux latérales, ſe raccourciſſent avec des ciſeaux, dans le même goût d'une haie de charmille.

On ne doit point changer de régime pour les années ſuivantes, & dès que les branches latérales peuvent ſe joindre, ce qui doit être après la troiſieme pouſſe, on les entrelace, on les ſoude, & on taille en charmille celles qui ont pouſſé ſur les deux faces de l'alignement. Enfin, on met tous ſes ſoins à ne laiſſer aucun vuide, & à rendre le maſſif de feuillage bien aligné, & bien fourni.

Si cet eſpalier a été bien conduit, & qu'il ſoit en bon terrein, il doit avoir ſix pieds de hauteur au bout de ſix ans, & environ un pied & demi d'épaiſſeur. Rien n'empêche de cueillir la feuille de ces jeunes plants à chaque printemps ; l'eſpalier s'en épaiſſira plus promptement. Dès qu'il commence à ſe fournir, c'eſt-à-dire, à la troiſieme ou à la quatrieme année au plus tard, il eſt propre à recevoir les Vers à ſoie.

Ce genre de plantations exige encore des attentions dont un Cultivateur ne doit pas s'écarter, ſi l'emplacement le permet.

1°. Il ne faut jamais adoſſer à des murs cette eſpece d'eſpaliers, ſi on les deſtine à l'éducation du Ver à ſoie, à l'air libre. Les murs ſervent de retraite aſſurée à deux ennemis redoutables, les rats & les lézards.

2°. Il faut aligner cette plantation, du *nord* au *midi* ; l'un est trop froid, l'autre trop orageux, & on ne doit leur donner prise, que sur le profil de l'espalier. On choisit, s'il se peut, pour principal aspect, le soleil levant. Cette exposition est singuliérement favorable aux Mûriers, & les vents d'*est* sont sains & très-rarement orageux. Le vent d'*ouest*, qui est reconnu pour humide, & souvent violent, donnera en plein, sur une des surfaces de l'espalier ; cela est inévitable, mais de tous les inconvéniens connus, c'est le moins à craindre, & si la plantation est de plusieurs rangs, qu'il suffit d'espacer seulement de six à sept pieds, il faut avoir attention de laisser croître le premier espalier du côté du couchant, de quelques pieds plus élevé, & le rendre plus touffu par la taille. On doit suivre le même ordre par gradation, de rang en rang, de façon que le premier rompe le coup du vent pour le second, le second pour le troisieme, & ainsi successivement.

Il ne s'agit plus que de placer les Vers à soie sur les espaliers. On peut éviter les grands dangers des intempéries du printemps, en laissant éprouver à nos insectes les deux premieres mues dans nos maisons. Les premiers momens de cette éducation sont très-peu dispendieux, & nous gagnerons au moins quinze jours, & plus, des plus critiques, si on ne presse pas les Vers par trop de chaleur, & qu'on leur donne souvent de l'air. Je conseille beaucoup ces précautions dans nos Provinces les plus feptentrionales , pour que ces animaux évitent le danger de paffer fubitement d'un fort degré de chaleur , à un degré tempéré , & quelquefois froid.

Pour procéder au nouvel établiffement des Vers, on attend une de ces belles matinées qui annoncent un jour ferein. On laiffe un peu jeûner ces infectes; on apporte les corbeilles fur lefquelles on répand des feuilles de l'efpalier, les Vers s'en emparent bientôt ; on ne doit pas attendre qu'elles en foient trop chargées, on les leve & on les place de diftance en diftance , dans le feuillage de l'efpalier, & ainfi fucceffivement , jufqu'à ce qu'il ne refte plus rien dans les corbeilles. C'eft une opération très-prompte , & qui n'exige pas beaucoup de talents , ainfi on peut y employer indiftinctement toute perfonne.

Je ne peux pas donner de regles précifes pour la répartition des Vers, ni en calculer le nombre, relativement à l'abondance des feuilles. La jufteffe de ce procédé dépend de l'âge , de la hauteur , de l'épaiffeur des efpaliers, & c'eft l'expérience feule qui peut véritablement inftruire le Cultivateur. Dans le cas qu'on s'apperçoive que les Vers font trop épais, ce n'eft pas un travail bien grand, ni bien difficile de les éclaircir , & de les tranfporter dans des places vuides. Les enfants font très-propres à cette opération , & s'en amufent beaucoup.

Tout eft fubordonné dans ce monde à des inconvéniens plus ou moins grands. Au lieu

de nous alarmer d'en appercevoir dans ce
nouveau genre d'éducation , travaillons fenſ
ſément à les évaluer, ſans les exagérer , & à choiſir les moyens de nous préſerver des ſuites
funeſtes qui en peuvent réſulter.

Paſſons en revue , & n'oublions rien de ce
que peuvent nous oppoſer ces gens à objections,
& ces trembleurs éternels , qui nient ſouvent
les poſſibilités les plus évidentes. Tout ſe réduit aux objets ſuivants.

1°. Le froid. Nous avons prouvé , & toute
perſonne expérimentée conviendra que la grande chaleur eſt mortelle aux Vers à ſoie , & que
le froid du printemps , ſur-tout, en ne les tranf-
portant qu'après la premiere ou ſeconde mue,
ne peut tout au plus qu'alonger la vie de ces
inſectes , & reculer leur ouvrage de quelques
jours.

2°. La pluie. Le Ver à ſoie communément
reſte immobile , & ſans manger pendant la
pluie, mais dès qu'elle ceſſe , il n'attend pas que
la feuille ſoit ſeche pour l'entamer , & l'humidité qui lui eſt mortelle ſous nos toits , ne
lui cauſe aucun dérangement en plein air :
c'eſt ce que l'expérience a démontré & qu'il
ſeroit ridicule de nier.

3°. Le vent. L'inconvénient des vents orageux eſt réel , ſi on place des Vers à ſoie ſur
des arbres de haute tige , & iſolés ; mais il ſe
réduit à rien , ou à très-peu de choſe par l'u-
ſage des eſpaliers, ſur leſquels le vent a beaucoup moins de priſe , & dont l'effort eſt rompu par la multiplicité des branches & des

feuilles. On fait que le Ver à foie eft pourvu par la nature de plufieurs ferres, avec lefquelles il fe cramponne fortement à la premiere branche qu'il rencontre, & qu'il faut ufer de force pour l'en détacher. D'ailleurs, les chûtes que pourroit faire l'animal, fe trouvant fans cesse interrompues par la difpofition de nos plantes, elles ne pourroient jamais être mortelles; on en feroit quitte tout au plus pour faire une revue après l'orage, ramaffer & replacer fans beaucoup de peine les Vers qui fe trouveroient par terre. L'inconvénient fe trouve encore diminué par l'expofition que j'ai prefcrite pour nos nouvelles plantations.

4°. La grêle & le tonnerre. La grêle eft le fléau le plus trifte & le plus redoutable pour nos récoltes; il n'y a aucun moyen pour y parer; fi c'eft une grêle feche & violemment chaffée tout eft brifé, tout eft perdu. Nos Vers fous nos toits périront par la faim, & ceux de la campagne feront écrafés ou mutilés. Je vois cependant une petite reffource dans mon éducation à l'air libre. 1°. Je gagne ce que je n'ai pas dépenfé. 2° Beaucoup de vers échappent du naufrage par quelques abris, que leur procure l'arrangement de nos plantations; il reftera au moins quelques parcelles de feuilles qui ne vaudroient pas la peine d'être ramaffées à la main, mais dont l'infecte élevé durement, tire encore parti. C'eft ce qui arrivera toujours, & cet avantage fera en proportion du dégât de la grêle, mais on n'en doit point efpérer fous nos toits.

Le

Le tonnerre n'eft nullement à craindre pour les Vers à foie, quant au bruit & aux fecouf-fes qu'il imprime aux corps folides. Ce n'eft que le changement de denfité de l'air, qui précede les orages, qui influe fur tous les êtres organifés. Les effets de cette variation font moins fenfibles dans la campagne, que dans un appartement clos, où la circulation de l'air fe trouve dans une inaction, qui en diminue prodigieufement l'élafticité.

5°. Les rats, les lézards, les oifeaux. Voilà trois efpeces d'ennemis qu'il faut pourfuivre. Les rats, au commencement du printemps, font affamés & fans reffource, & ils fe prennent facilement à la premiere amorce. Outre le poifon, il y a mille moyens de les furprendre, que je ne détaillerai point; mais avec un peu de foin, on n'en laiffe pas un.

Les lézards dangereux font de cette petite efpece fi connue, qui ne quitte guere les mu-railles; le peu qui fe trouve répandu dans la campagne, eft aifé à détruire. Cet animal eft très-familier, & fans rufe; fa deftruction eft l'ouvrage d'un enfant, qui prend cette chaffe pour un amufement, & détruit bientôt juf-qu'au dernier.

Il eft plus difficile de parer au ravage des oifeaux. Les plus incommodes font les roffi-gnols, les fauvettes, & toute efpece d'oifeaux paffagers, à bec plat & pointu. On fe délivre de l'importunité de ces animaux, en diftribuant dans la plantation quelques épouvantails, quelques moulinets, qui font l'ouvrage des enfants. On en tue à coup de fufil; le bruit & l'odeur de la poudre les difperfe, & on fe fait en même temps un amufement.

J'efpere qu'on ne m'objectera pas les maladies, qui exigent tant de foins dans nos maifons, elles font inconnues dans le régime naturel. Les qualités des foies qu'on récolte par ce moyen, font infiniment fupérieures à tout ce que nous voyons ordinairement. On trouve très-rarement des cocons doubles ou imparfaits, & fi l'on veut bien faire, fans prévention, un parallele exact des deux régimes, je fuis perfuadé que l'artificiel trouvera peu de partifans.

J'ajouterai encore que le nouveau genre de plantation paroît très-propre à favorifer une nourriture d'automne; mais il faudroit effeuiller les efpaliers dans le temps de la premiere récolte des cocons, pour avoir de la feuille tendre vers le 15 du mois d'Août, que l'on commenceroit la feconde couvée; il en coûteroit très peu de chofe pour tenter la nature, & j'augure qu'il y auroit un heureux fuccès.

Les Cultivateurs qui craindroient de hazarder un terrein pour une pareille plantation, devroient au moins la remplacer en partie par des haies de Mûriers; elles ferviroient de clôtures à leurs héritages, & ne dépenferoient pas plus de terrein que celles d'épines qui ne font d'aucun rapport, & qui font le berceau ordinaire de cette prodigieufe quantité de chenilles voraces qui font tant de ravage.

Une haie de Mûriers s'entrelace, s'épaiffit comme on veut par la taille, & devient impénétrable en peu de temps. Quand elle eft

parvenue à la hauteur convenable, elle produit une quantité étonnante de bois, qui pouffe avec d'autant plus de vigueur, qu'il eft plus
fouvent mis en coupe. Les jets de Mûriers feroient d'un prix ineftimable dans les pays de
vignoble, à vignes baffes. Ce bois en échalas
dure bien fain, dix à douze ans. C'eft un objet
d'économie qui mérite bien attention.

Les feuilles de ces haies feroient au moins
d'une grande reffource pour nos éducations
artificielles. Elles ferviroient jufqu'à la troifieme & quatrieme mûes, fans beaucoup de
frais, & elles épargneroient la feuille des grandes plantations. Quelle immenfité de terrein
occupé dans le Royaume par des haies d'épines! & quel produit ne retireroit-on pas de
la moitié, & même du quart en haies de Mûriers? Quelle augmentation de richeffes, qui
ne dérangeroit en rien l'économie rurale!

Les Cultivateurs qui voudront effayer de
ces fortes de plantations en efpaliers ou en
haies, ne peuvent fe mettre trop en garde contre la fureur qu'on a de ne pas affez efpacer
les plants. Je confeille la diftance au moins
de quatre pieds; elle ne reculera pas la jouiffance; les Mûriers poufferont avec beaucoup
plus de vigueur, & les premieres branches
qu'on couchera, donneront à chaque œil des
branches verticales, qui repréfenteront des
plants efpacés de cinq à fix pouces, & qui, à
leur tour, feront couchés & croifés, & ainfi fucceffivement, jufqu'au point d'elevation projeté.
Si l'on plante plus près, on verra bientôt difpa-
roître infenfiblement la plantation. L'expérience
eft conftante à ce fujet.   K ij

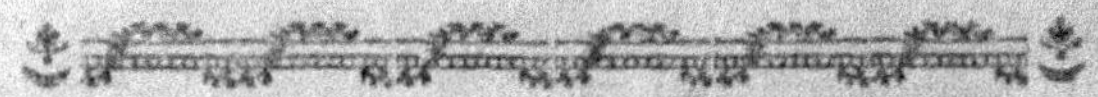

Méthode d'élever les Vers à soie.

Les Vers à soie & les Abeilles sont, Monsieur, de tous les Insectes, ceux qui méritent le plus par leur utilité, l'attention d'un vrai Econome ; les premiers nous fournissent la Soie qui sert à nous habiller, & les seconds distillent pour nous le Nectar le plus précieux. Je me propose de vous entretenir dans la présente, de ce qui concerne les Vers à Soie, me réservant pour le sujet de quelques-unes de mes autres Lettres, de vous donner une espece de petit Traité sur les Abeilles.

Pour procéder avec ordre dans l'histoire économique des Vers à Soie, je vous parlerai d'abord de la qualité de leurs graines considérées relativement à la quantité des feuilles de Mûrier qu'on peut leur fournir. 2°. Du temps & de la méthode de faire couver cette graine. 3°. De la maniere d'élever les Insectes qui en proviennent. 4°. Des maladies de ces Insectes. 5°. De leur logement & du temps qu'il faut les changer. 6°. Des différentes especes de feuilles qui leur conviennent suivant leurs différents âges. 7°. Des accidents qui leur surviennent & qui les font souvent périr. 8°. Du temps qu'ils emploient pour former leurs cocons. 9°. De la façon dont il faut s'y prendre pour en recueillir la graine. 10°. Enfin, de la nécessité de faire périr ces in-

fectes dans les cocons, pour les conferver ,
qu'au temps qu'on en tire la Soie. En vou
développant avec précifion tous ces différent
articles, je penfe, Monfieur, que je vous
aurai donné pour lors un détail entier fur
l'éducation des Vers à foie.

La premiere attention qu'on doit avoir
pour leur gouvernement, eft de n'en faire
éclorre la graine que quand les feuilles de Mûrier commencent à paroître; il n'en faut auffi
faire éclorre qu'autant qu'on a de feuilles à
leur pouvoir fournir. Pour proportionner la
graine à ces feuilles, il faut avant toute chofe la pefer ; on a obfervé qu'une once de
graine, quand elle réuffit, fournit des Vers
en affez grande quantité pour pouvoir confommer en nourriture, feize à vingt quintaux
de feuilles, peut-être que, fi on mettoit couver une plus grande quantité de graine, il ne
faudroit pas tant de feuilles à proportion, car
il eft d'expérience, qu'en faifant couver fix
onces de graine, il périt fix fois plus de Vers
que fi on n'en mettoit qu'une once, par conféquent il faut, proportion gardée, moins de
feuilles. Si on veut s'affurer du nombre de
quintaux de feuilles que peuvent fournir les
Mûriers qu'on a en fa poffeffion, rien n'eft
plus aifé; il n'y a qu'à en dépouiller entiérement un arbre & en pefer enfuite les feuilles,
le poids des feuilles de cet arbre peut faire
juger de celui des autres, fuivant que ces derniers font plus ou moins gros que celui qu'on
a dépouillé, & qu'ils fe trouvent plus ou

moins chargés de feuilles. Une once de graine de Vers à soie , si elle est bien gouvernée
& si elle réussit, peut aisément fournir quatre-vingts livres de cocons.

2°. Le temps pour faire couver la graine
ne peut se fixer , il dépend des saisons & des
climats ; la raison en est, Monsieur , bien évidente, puisqu'il ne faut la faire couver, ainsi
que je viens de vous l'écrire , que lorsque la
feuille commence à paroître. Cette feuille est
la nourriture des Vers , par conséquent comment pourroit-on les élever, si les feuilles ne
paroissoient pas encore ? On peut cependant se
procurer de bonne heure des feuilles, en cultivant des Mûriers en espalier , rien n'empêche alors de devancer le temps ordinaire. Pour
faire éclorre la graine, la méthode est bien simple ; si on veut nourrir beaucoup de ces insectes , on met par exemple trois onces de leur
graine dans un sachet ou dans un morceau
de linge qu'on noue ensuite , on en tient le
noüet aisé , ensorte qu'il y ait autant de vuide
que de plein.

On tient le sachet dans un endroit chaud
pendant environ dix jours , temps pour l'ordinaire, suffisant pour faire éclorre les Vers ;
on aura sur-tout l'attention de conserver toujours pendant ce temps à peu près une chaleur
égale dans l'endroit où on les a mis ; si ce
temps ne se trouvoit pas suffisant pour les
faire éclorre , on augmenteroit la chaleur : celle
qui leur convient, est depuis le ving-deuxie-
me degré jusqu'à vingt-quatre au dessus de la

congelation du Thermometre de M. de Réaumur ; on peut fe régler la-deffus pour entretenir ce degré de chaleur néceffaire. On eft
dans l'habitude chez ceux qui élevent beaucoup de Vers à foie, de mettre le nouet où
eft la graine pendant la nuit fous le matelas
d'un lit où l'on couche, & pendant le jour
de le porter fur foi, ayant néanmoins attention de ne le pas mettre fur la chair ; d'autres mettent tout fimplement le nouet à côté
d'une cheminée, où ils entretiennent toujours
un feu à peu près égal, ou même dans les
petites chambres que les Boulangers ont d'ordinaire derriere leur four.

Les Vers à foie à leur naiffance font d'une
couleur noire, fi on n'a pas trop précipité la
chaleur, tandis qu'ils naiffent roux, fi elle
l'a été un peu trop ; ils n'en font cependant
pas pour cela à rejeter ; mais lorfque leur
couleur eft rouge en naiffant, ce qui dénote
la trop grande chaleur qui les a fait éclorre,
ils ne font bons qu'a jeter ; on ne doit point
perdre de temps, il faut mettre à l'inftant couver de l'autre graine, fi l'on en a, pour remplacer ces Vers.

Les Languedociens mettent d'ordinaire,
jufqu'à vingt onces de graine dans un même
fachet ou nouet ; ils fe contentent pendant le
jour de tenir le nouet dans un morceau d'é-
toffe, qu'ils chauffent de temps en temps &
qu'ils dépofent dans la chambre la plus chaude ; pendant la nuit, ils mettent ce nouet fous
un matelas, ils le placent d'abord au pied du

lit, & ils l'avancent tous les jours, ensorte qu'au dixieme jour, la graine se trouve placée sous le dos de la personne qui y est couchée, Au bout de quatre jours il est à propos d'ouvrir le nouet tous les jours, & de remuer un peu la graine pour lui faire prendre l'air.

Quand la graine de noire ou grisette qu'elle étoit, devient blanche, ce qui arrive ordinairement vers le neuvieme ou dixieme jour, on la met dans des boîtes de sapin bien seches, sur du papier, ou même, ce qui vaut mieux, sur du linge ou sur quelque morceau de mousseline, & on ne laisse à la graine ainsi déposée, qu'environ sept ou huit lignes d'épaisseur ; on place sur cette graine, une feuille de papier découpée & trouée, ou bien on étend entre la graine & le papier, un peu de chanvre ou du lin non filé ; les vers s'y attachent, &, en suivant les fils du Chanvre, ils trouvent le moyen de sortir au dessus du papier.

On aura grand soin de tenir ces boîtes chaudement jusqu'à ce que les Vers à soie en soient entiérement sortis, on les expose même quelquefois pour cet effet au soleil ; mais pour lors on aura l'attention de les couvrir de quelque linge ou étoffe.

Quand les Vers à soie sont éclos, il s'agit de les tirer de la boîte ; pour y parvenir on étend sur la feuille de papier des feuilles de Mûriers ; les Vers à soie qui sortent par les petits trous que je vous ai conseillé, Monsieur, de faire pratiquer dans le papier, s'attachent aux feuilles, & quand les feuilles en sont suf-

fifamment chargées, on les retire de la boîte
& on les dépofe ailleurs. On continue à mettre dans la boîte de nouvelle feuille, ce qu'on
réitere auffi long-temps qu'il s'y trouve de
jeunes Vers.

La mue eft une des grandes maladies des
Vers à foie; ils y font fujets quatre fois réguliérement; ils entrent dans leur premiere mue,
environ neuf à dix jours après leur naiffance,
& quelquefois même quatre ou cinq jours
plus tard, lorfqu'il fait froid; les trois autres
mues leur furviennent ordinairement de fept
jours en fept jours; ces mues font cependant
quelquefois accélérées ou retardées d'un jour
ou de deux, fuivant qu'il fait plus ou moins
chaud, ou plus ou moins froid dans l'endroit
où fe trouvent placés les Vers à foie.

Les fymptomes de la maladie, qu'on nomme mue des Vers à foie, font les fuivants : les
Vers s'enflent un peu, principalement leurs
têtes, ils deviennent luifants; froids & roides,
ils ceffent de marcher & de manger, ils reftent dans cet état pendant vingt-quatre heures, quelquefois même pendant quarante; a-
près quoi ils fe dépouillent de leur peau; dès
qu'ils font ainfi dépouillés, ils font plus roux
que ceux qui ne le font pas, ils ont le mufeau beaucoup plus large, ils le tournent de
tous côtés. Non feulement on change les Vers
à foie de leur domicile pour une premiere fois,
en les tirant des boîtes où ils ont commencé
à naître, mais on les change encore à chaque
mue, & depuis la derniere mue jufqu'à ce

qu'ils montent pour filer , on les change réguliérement tous les deux jours; lorsque je dis
qu'on change les Vers à foie, je veux dire
qu'on les tranfporte d'un rayon fur un autre ,
& qu'on les fépare de cette efpece de litiere
qui s'eft formée au deffous d'eux par les parties de la feuille que les Vers ne mangent
point.

Pour faire ce changement on enleve & on
porte fur les deux mains, d'un rayon à l'autre ,
les feuilles de Mûrier nouvellement placées,
& fur lefquelles les Vers font montés pour
les manger. Après la derniere mue des Vers à
foie, lorfqu'il ne s'agit plus que de les mettre
dans les cabanes , on les tranfporte pour
lors fur la main ou dans une affiette vernie,
afin qu'ils ne s'attachent point; on prend ainfi
bien moins de temps. Lorfqu'on fait tous ces
changements , il ne faut pas mettre fur un
même rayon tous ceux d'un autre rayon , à
moins qu'ils n'euffent mué tous à la fois , &
qu'ils ne fuffent fortis enfemble de leur maladie. Il faut placer fur un même rayon , jufqu'à ce qu'il foit entiérement garni , tous les
Vers à foie qu'on leve en même temps ou le
même jour de différents rayons, & continuer
de même à chaque mue; par ce moyen tous
les Vers à foie d'un même rayon arriveront
en même temps à leur maturité & à la monte.
Quand ils ne fe trouvent pas, nonobftant cela,
également avancés , on peut y remédier en
donnant un peu plus à manger à ceux qui

font retardés , & un peu moins à ceux qui font avancés.

La chofe la plus intéreffante à laquelle un Econome doit prêter fon attention pour les Vers à foie, eft le logement : on peut les loger indifféremment en toute forte de chambres, même au raiz de-chauffée, pourvu qu'ils ne s'y trouvent point trop expofés à l'humidité, au froid , ni à la trop grande chaleur ; la meilleure expofition qu'on puiffe trouver pour leur logement, eft le levant ou le midi. Il faut qu'il fe trouve dans la chambre où on les met une cheminée, pour pouvoir l'échauffer au befoin; les portes & les fenêtres doivent fur-tout pouvoir fe fermer exactement. On place d'abord les Vers dans des boîtes , ainfi que je l'ai déjà dit ; on les met enfuite dans des corbeilles plattes , fur des tables & même fur toutes fortes de planches indiftinctement , ou fur de grandes claies d'Ofier , de rofeaux ou de cannes. Quand on veut en élever une certaine quantité , on fait conftruire différents étages de tablettes ou rayons, qu'on éleve d'un pied & demi de diftance les uns des autres ; on leur donne toute la longueur qu'on peut, & la largeur d'une toife au plus , & on les range de façon qu'on puiffe tourner tout autour ; à mefure que les Vers groffiffent , il leur faut plus d'efpace , on augmente donc à chaque changement les tables & les rayons, & on en a toujours de tout prêts aux approches des mues & des maladies.

Outre les mues qui font les maladies propres

aux Vers à foie, ils font encore fujets à une infinité d'autres maux capables de les faire périr ; ces maux font pour la plupart occafionnés par la mauvaife qualité de la feuille ou par une nourriture trop abondante, & le plus fouvent par trop d'humidité, trop de froid, ou une trop grande chaleur ; la température d'air qui leur eft plus convenable, lorfqu'ils font éclos, eft le feizieme degré au deffus de la congelation du Thermometre de M. de Réaumur. Quand on eft obligé, à caufe du froid, de faire du feu dans la chambre où on les a mis, il faut avoir attention de n'en faire qu'autant qu'il en faut pour faire monter à cette hauteur le Thermometre. Les Vers à foie n'approchent de leur maturité que dans une faifon fort avancée, ce qui fait que, malgré qu'on rafraîchiffe pour lors leur chambre par l'introduction de l'air extérieur, rarement peut-on parvenir à faire defcendre la liqueur du Thermometre jufqu'au feizieme degré ; mais dans ce cas il n'y a rien à craindre, la chaleur naturelle de l'air n'eft point dangereufe pour ces Infectes, fur-tout lorfque celui de la chambre eft continuellement renouvellé ; s'il ne faifoit point d'air dans le temps des chaleurs, il faudroit donner à la chambre toute la fraîcheur qu'on pourroit, en laiffant même les fenêtres ouvertes pendant la nuit s'il le falloit. Si on n'a pas la facilité d'avoir de Thermometre, voici, Monfieur, ce qu'on doit obferver ; depuis la premiere mue jufqu'à la montée des Vers à foie, on entre-

tiendra dans la chambre une température moyenne, prefque toujours à peu près la même ;
pour cela faire, comme il ne fait pas chaud,
au commencement que les Vers font éclos,
on fera du feu dans la chambre & on la tiendra fermée jufqu'à ce qu'on s'apperçoive
que l'air devienne à peu près tempéré, ce qui
arrive ordinairement vers la troifieme ou quatrieme mue; on retranchera pour lors le feu,
en tenant cependant toujours la chambre fermée pendant quelque temps ; mais dès que la
quatrieme mue fera finie, jufqu'à ce que les
cocons foient formés, on tiendra tout ouvert,
en obfervant cependant de fe conduire toujours fuivant le temps. Les feuilles de Mûrier qui font la nourriture des Vers à
foie, demandent, de la part d'un Econome,
quelques légeres attentions, qui ne font pas
même à négliger, car il s'y en trouve de meilleures les unes que les autres. Suivant que les
Vers à foie font plus ou moins âgés, il leur
faut une feuille plus ou moins nourriffante.
En cultivant les quatre efpeces de Mûriers
dont je vais, Monfieur, vous parler, on par-
viendra facilement à ce but; ces efpeces font
le Mûrier blanc, connu plus communément
fous le nom de Mûrier d'Efpagne; le Mûrier
Rofe, autrement celui de Rome; le Mûrier
Franc, & enfin le Mûrier commun. La premiere efpece donne un fruit blanc, fes feuilles
font grandes comme la paume de la main,
rondes, d'un verd foncé, plus épaiffes que
celles des autres Mûriers, chargés d'un fuc

grossier & nourrissant , & se terminent en pointe en forme de cœur.

La seconde espece porte un fruit d'une couleur cendrée, elle a les feuilles presqu'aussi grandes que celles de la premiere espece & à peu près de la même figure, mais d'un verd plus clair, elles sont cependant plus luisantes, plus minces, plus tendres & plus propres à la nourriture des Vers à soie, à tout âge & en tout temps.

Le Mûrier Franc, qui est la troisieme espece, provient de la semence du Mûrier d'Espagne, il produit un fruit couleur de gris de lin, des feuilles de la même forme que celles du Mûrier d'Espagne, mais moins grandes, & propres comme les feuilles de la seconde espece, ou plutôt variété, à donner aux Vers à soie dans tous les âges.

La quatrieme espece, autrement le Mûrier commun, provient de la graine de son espece, ou de celle du Mûrier de sa variété précédente ; il produit une marque noire ou rouge, ses feuilles en sont plus petites, plus difficiles par conséquent à cueillir & leur suc est peu nourrissant. Les Mûriers Roses & ceux d'Espagne, sont ceux qu'on doit élever par préférence.

Après avoir donné cette distinction des Mûriers, examinons, Monsieur, à présent quelles sont les feuilles de ces arbres qui sont les plus propres aux Vers à soie, suivant leur différents âges. Voyons en même temps ce qu'il faut observer avant que de donner à manger à ces Insectes.

Dans ma cinquante-septieme sur les Végé-taux, je vous ai fait observer, Monsieur, que les Vers à soie nourris avec une feuille cueillie dans un terrein sec, réussissent beaucoup mieux, rendent plus de cocons, & sont moins sujets aux maux qui les font mourir, que ceux qui sont nourris avec une feuille ramassée dans un terrein extrêmement gras, d'où vous devez nécessairement conclure, Monsieur, qu'une feuille qui a trop de suc, est la moins propre aux Vers à soie, qui de leur nature étant d'une substance froide, visqueuse & très-humide, ont besoin d'une nourriture qui corrige cette substance. Cela posé pour principe, on don-nera dans les premiers âges des Vers à soie, la feuille qui a le moins de suc, parce qu'a-lors ils demandent moins de nourriture. On leur donnera une feuille plus nourrissante à mesure qu'ils grossiront, & on gardera la feuil-le du Mûrier d'Espagne, qui est très-grande, pour la donner en dernier lieu après la qua-trieme mue & jusqu'à ce que les Vers soient mis dans les cabanes.

Je ne suis pas encore, Monsieur, à la moi-tié des détails qu'on doit observer pour les Vers à soie ; je m'apperçois cependant que je commence à passer les bornes d'une Lettre, permettez- moi donc de remettre à quelques-unes de mes suivantes, le reste de ces détails.

J'ai l'honneur d'être,

MONSIEUR,

Votre très-humble & très-obéissant
serviteur, BUC'HOZ, D. Med.

Le 12 septembre 1769.
Paris, rue des Cordeliers, Hôtel de Xaintonge.

LETTRE XXXVIII.

sur le gouvernement des Vers à soie , pour
servir de suite à la trente-septieme.

EN vous parlant, Monfieur , dans ma trente-septieme , de la nourriture qui convient aux
Vers à foie, j'oubliai de vous faire obferver qu'il
ne faut jamais leur donner des feuilles mouillées de rofée , de pluie ou de brouillards , c'eft
une chofe à laquelle vous ne pouvez affez
prêter d'attention , cela rend les Vers gras ,
pour parler dans le langage du pays où on
éleve le plus de ces infectes ; ainfi, avant que
de ramaffer les feuilles que vous leur deftinez ,
il faut attendre que la rofée foit entiérement
paffée & les brouillards diffipés. Si cependant
à caufe d'une pluie continuelle , vous ne pouvez avoir d'autres feuilles que des mouillées ,
vous les étendrez pour les faire fécher fur un
drap, dans une chambre bien aérée , & vous
aurez foin de les faire remuer fouvent. Donnez-vous bien de garde encore d'employer
pour la nourriture de vos Vers, les fecondes
feuilles que pouffent les Muriers après avoir
été dépouillés des premieres ; ces feuilles ne
valent abfolument rien. Quand les Vers ne
font que de naître & même jufqu'à leur premiere
mue, vous pouvez leur donner de la feuille
des jeunes Muriers qui font en pépiniere , &

vous

vous réferverez les larges feuilles de vos Mûriers d'Efpagne , pour le temps qu'ils feront
en fraife, c'eft-à-dire , lorfqu'ils feront prêts
à monter apres leur quatrieme mue. Donnez
auffi , Monfieur, vos ordres à ceux qui ramaffent les feuilles pour vos Vers, qu'ils aient
les mains propres, qu'ils n'aient point touché
d'ail, de mufc, ni d'autres odeurs fortes , &
qu'ils rejettent les feuilles tachées.

Il ne faut jamais laiffer les Vers à foie fans
qu'ils aient à manger , mais ne leur prodiguez
cependant pas les feuilles; vous leur en ferez
donner deux fois par jour , depuis leur naiffance jufqu'à leur premiere maladie , ce qui fe
fait en les en couvrant légérement ; trois fois
depuis leur premiere maladie jufqu'à leur quatrieme , en augmentant toujours la quantité
des feuilles , à mefure que ces infectes groffiffent : enforte que depuis leur derniere maladie , jufqu'à leur maturité , vous les couvrirez
de feuilles même de l'épaiffeur de trois pouces , en les répandant toujours uniment , vous
leur en donnerez alors quatre ou cinq fois
par jour. Il vous fera facile de connoître la
quantité des feuilles qui leur conviennent chaque fois , en obfervant tout fimplement fi la
derniere qu'on leur a donnée, a été mangée
trop tôt , ou ne l'a pas été tout à fait. Soyez
toujours réglé pour l'heure à laquelle vous
diftribuerez les feuilles , diminuez-en la quantité pendant le temps des mues ou des maladies des Vers à foie , car pour lors les feuilles
leur deviendroient inutiles , feroient même

S

perdues, les furchargeroient & les fatigueroient par leur poids. Quand ces infectes font une fois dans les cabanes, il ne faut leur en donner que très-peu à la fois, & feulement pour couvrir ceux qui ne font pas montés. Si vous vous appercevez que quelques-uns des Vers foient fortis de leur mue avant les autres, vous pouvez difcontinuer de leur donner à manger jufqu'à ce que le tout en foit dehors, ce qui arrive pour l'ordinaire vingt-quatre heures après, fi vous avez eu foin de les tenir également avancés; au refte, comme cette privation de nourriture peut devenir nuifible à ces Vers précoces, il vaudra mieux les transporter fur d'autres rayons, afin de leur donner la nourriture dont ils ont befoin.

La plupart des maladies qui furviennent aux Vers à foie, proviennent ou d'une mauvaife nourriture, ou d'une nourriture donnée mal-à-propos ou du trop d'humidité, ou du froid, ou d'une chaleur exceffive; vous préviendrez, Monfieur, la plupart de toutes ces maladies, fi vous pratiquez exactement ce que je vous ai prefcrit pour le gouvernement de ces infectes. Les Vers qui font attaqués de maladies, font, fuivant le langage vulgaire, ou gras, ou paffis & arpettes, ou jaunes, ou mufcadins.

Les Vers gras font beaucoup plus blancs que les autres, ils font comme onctueux, ils ont le mufeau plus étroit, plus pointu & plus luifant, ils périffent un ou deux jours après le temps de la mue, fans y être entrés, car au lieu de refter dans la même place, comme ceux

qui muent & qui fe dépouillent, ils marchent,
ils mangent toujours, ne fe dépouillent point
& continuent à groffir, pendant que les autres ne fauroient manger. Dès qu'on remarque
de ces fortes de Vers, de peur qu'en crevant
ils ne faliffent les autres, il faut les ôter &
les jeter.

Les Vers paffis ou arpettes, font des Vers
maigres, qui ne deviennent ordinairement
tels, qu'après leur troifieme ou quatrieme mue;
ces fortes de Vers ceffent de manger, deviennent mous, fe rapetiffent en tous fens de la
moitié, & périffent dans trois ou quatre jours.
Les Vers jaunes ne paroiffent de cette couleur
que lorfque tous les Vers font prêts à monter; au lieu de mûrir, ils s'enflent & il leur
vient fur la tête & le long du corps, des taches d'un vilain jaune doré, qui s'étendent
& leur gagnent enfin tout le corps; ces fortes
de Vers doivent être jetés ainfi que les gras,
par la même raifon. Les Vers mufcadins font
ceux dont la couleur eft d'abord d'un rouge
vineux, & fe change bientôt en blanc. Les
Vers font fujets à devenir mufcadins à tout
âge même depuis leur naiffance, & quand
ils fe trouvent même renfermés dans leurs cocons; ils deviennent roides & meurent prefque
dans le même moment. On en trouve cependant rarement jufqu'au temps de la maturité, mais le mal devient prefque général dans
les chambrées qui ne commencent à en être
attaquées que quand les Vers font mûrs &
qu'ils montent; alors la plus grande partie

périt avant que d'avoir travaillé, & si cette maladie ne leur survient qu'après avoir commencé leurs cocons ou qu'après les avoir achevés, dans le premier cas le cocon est presqu'inutile, & dans le second, il ne rend que très-peu.

Les vents, le tonnerre & autres bruits de cette nature, occasionnent souvent du dommage aux Vers lorsqu'ils sont montés, parce que ces mouvements violents peuvent les faire tomber; vous ferez pour lors très-bien, lorsque ces bruits se feront entendre & qu'ils agiteront l'air, de faire fermer les portes & les fenêtres de la chambre où les Vers se trouvent; marchez aussi très-doucement dans les endroits où vous les aurez mis, sur-tout si les planchers en sont pliants, de peur d'ébranler les Vers déjà montés, & les faire tomber.

Toutes les fumées & odeurs désagréables, même le tabac, le musc, le gingembre, les epiceries, l'ail & les autres odeurs sont très-nuisibles aux Vers à soie, c'est même une erreur de croire que les parfums les raniment : si on les voit s'agiter dans le temps qu'on parfume leur chambre, c'est qu'ils tâchent de fuir pour en éviter l'odeur.

La fumée du bois & principalement les vapeurs du charbon, ne leur sont pas moins contraires, c'est pourquoi lorsque vous êtes obligé de faire échauffer leurs chambres, il faut tâcher de le faire de façon qu'il ne s'y répande point de fumée. Recommandez encore, Monsieur, très-expreſſément à vos gens, quand ils nettoient les Vers à ſoie, de ſortir ſur le champ de la chambre, l'ordure qu'ils ôtent de deſſus leurs tablettes: car cette ordure pourroit occaſionner une fermentation qui eſt toujours ſuivie d'une mauvaiſe odeur, & qui ſeroit même capable de trop l'échauffer, ſur-tout pendant les chaleurs.

Il faut interdire l'entrée de tous autres in-ſectes dans les chambres où ſont placés les Vers à ſoie, & en éloigner ſur-tout les pou-les & les ſouris qui les mangeroient fort bien. Une goutte d'huile, à ce qu'on prétend, ré-pandue ſur un Vers à ſoie, eſt capable d'in-fecter tous les autres; quand il s'y en trouve quelques-uns qui en ſont tachés, faites les je-ter au plus vîte, de peur que la contagion ne ſe communique aux autres.

Neuf ou dix jours après leur derniere mue, les Vers ſont prêts à former leurs cocons; quand vous vous appercevez qu'ils commen-cent à jaunir, qu'ils ceſſent de manger, que leur muſeau s'alonge & qu'ils deviennent tranſ-parents & de la couleur de la ſoie même, c'eſt une marque qu'ils ſont prêts à monter. Ils marchent pour lors plus vîte qu'à l'ordinaire, ils s'arrêtent de temps en temps, & on les voit preſque toujours contourner la tête & une partie du corps, comme pour chercher à s'ap-puyer; vous les ferez porter alors dans les cabanes; il ne faut preſque pas les quitter dans ce temps, & même il faut veiller pour examiner quand ils ſont dans l'état propre à y être placés, car pour peu qu'on tardât à les y mettre, ils se raccourciroient, & si on les y mettoit trop tôt, ils n'y auroient pas assez de nourriture.

Vous me demanderez peut-être, Monsieur, avec quoi on fait ces cabanes? On emploie communément pour les faire, des branches de bruyere, de genêt, de buis ou de tel autre arbuste que ce soit, pourvu qu'il se trouve sans épines & que l'écorce en soit rude, car si elle étoit unie, les Vers à soie y monteroient bien difficilement. Pour préparer ces branches à rameaux comme il les faut pour les cabanes, on en ôte de la tige sur la longueur d'environ un demi-pied, tous les brins qu'il pourroit y avoir & qui empêcheroient les Vers de monter facilement, & on ne laisse que le bouquet qu'on coupe quarrément. Comme ces rameaux doivent contre-butter de haut en bas sur les rayons, il faut que les rameaux, depuis le pied jusqu'au sommet, soient plus longs que les étages ou rayons ne sont distants les uns des autres.

Ces rameaux étant bien secs & bien dénués de leurs feuilles, on les range par files sur des étages, ces files de rameaux se placent pour l'ordinaire à travers les étages; on les éloigne l'une de l'autre de neuf à dix pouces, & de quatre à cinq pouces des bords. On les fait tenir en les appuyant par le pied à la distance environ d'un pouce les uns des autres sur l'é-tage qu'on garnit, & en frottant le bouquet contre l'étage supérieur; mais il faut aupa-

ravant en écarter les branches & les entrelacer avec celles d'une file à l'autre, pour qu'elles
tiennent fermes. En entrelaçant ces petites branches, elles ne doivent cependant pas être fi
ferrées entr'elles, qu'il ne s'y trouve par-tout
une diftance ou efpace, où les Vers à foie
puissent commodément placer leurs ouvrages
& faire leurs cocons. On dresse pour l'ordinaire ces cabanes fur des rayons ou étages
qu'on aura nettoyés de leur ancienne couche,
en commençant toujours de garnir de rameaux
les étages les plus élevés; fans cette précaution
il tomberoit toujours de la vieille couche &
de l'ordure par les joints des planches fur les
cabanes inférieures. On met dans les bas des
cabanes du chiendent bien fec ou d'autres petites branches; & cela d'efpace en efpace,
pour recevoir les Vers qui ne peuvent grimper
fur les rameaux; on ôte ces cabanes dix ou
douze jours après que les Vers ont commencé
à y former leurs cocons. Les cocons formés,
il ne s'agit plus que de recueillir la graine
des Vers à foie pour la propagation de l'efpece
l'année fuivante. Je ne peux mieux finir, Monfieur, la préfente, qu'en vous faifant part de
quelques obfervations à ce fujet.

On a obfervé de tout temps que les cocons
qui font formés d'une foie plus unie, qui font
plus ferrés & plus approchants de la couleur de
la tuile, font les plus propres pour en tirer de
la graine; il faut toujours pour fa récolte,
autant de cocons mâles que de femelles. On

S iv

diftingue les mâles d'avec les femelles, en ce
qu'ils fe terminent en pointe par les deux
bouts, & qu'ils font plus gros par le milieu,
tandis que les cocons des femelles font ronds
par les deux bouts & étranglés par le milieu.
Une livre de cocons bien choifis, fournit pour
l'ordinaire une once de graine. Vos cocons
que vous deftinez pour la graine, étant choifis, il faut les dépouiller d'une enveloppe cotonneufe ou efpece de duvet qui les couvre ;
les papillons par ce moyen en fortent plus
facilement. On perce enfuite ces cocons avec
une aiguille pour les enfiler à un fil de foie,
& on fufpend ces cocons ainfi enfilés, pour
en attendre la fortie des papillons. Donnez-
vous fur-tout bien de garde de pafler votre
aiguille ailleurs que dans la fuperficie du cocon,
tant pour ne pas percer le Ver, que pour ne
pas introduire l'air dans les cocons. Les papillons étant fortis des cocons, vous les prenez avec les doigts par les ailes ou par le corps,
fans trop les prefler, vous les portez dans une
corbeille fur un morceau de drap noir, ou de
quelqu'autre étoffe de laine de la même couleur;
dès qu'ils y font, les mâles ne manquent pas
à l'inftant de s'accoupler avec les femelles.
Vous les transportez alors tout accouplés
fur un autre morceau de drap ou d'étoffe
noire, ou fur du linge, & vous les y laif-
fez enfemble pendant quatre ou cinq heures; après quoi vous détachez les mâles, que
vous jettez par les fenêtres, mais vous aurez

la précaution de ne lever les papillons de dessus les cocons, & de ne les mettre ensemble
que le matin, afin d'en pouvoir suivre les opérations, & de ne les laisser accouplés que le
temps nécessaire.

Les femelles étant séparées des mâles, vous
placez ces premieres sur des morceaux de drap
ou d'autres étoffes de laine noire, que vous
aurez auparavant suspendus à la muraille,
elles y attachent leurs œufs, ensuite elles tombent & meurent.

Quand tous les œufs seront faits, vous les
laisserez quelques jours à l'air pour les faire
sécher; vous plierez ensuite les morceaux d'é-
toffe, auxquels ils sont attachés, & vous les
mettrez dans quelqu'armoire ou autre endroit
fermé, jusqu'au printemps suivant, que vous
les détachez légérement avec un couteau. Pour
conserver cette graine, il faut la garantir d'une
trop grande humidité qui la pourriroit, d'une
gelée qui tueroit le germe, & enfin, de la
trop grande chaleur qui pourroit la faire é-
clorre avant le temps.

Quant aux cocons qu'on ne destine pas pour
la graine, il faut y étouffer le Ver avant qu'il
se change en papillon, car s'il venoit à percer le cocon, on ne pourroit plus en tirer la
soie. Pour faire mourir ces Vers, on commence à en renfermer tous les cocons dans
de grandes corbeilles ou paniers couverts de
papier, arrêté avec une ficelle; on met ces
corbeilles ou paniers dans un four, immédia-

tement après que le pain en a été tiré. On les
y laisse une heure ou deux, jusqu'à ce qu'on
n'entende plus le bruit que ces insectes font
en remuant dans leurs cocons ; lorsque les paniers ont été retirés du four , on les enveloppe dans de grosses couvertures pour achever
d'étouffer ces Vers que la chaleur du four n'auroit pas encore fait périr.

Pour connoître si la chaleur du four où on
les place , n'est pas trop forte, on met le bras
dedans ; si la main n'en peut pas soutenir la
chaleur un instant , on attendra que le four
soit moins chaud.

Comme il est souvent à craindre que le four
soit ou trop chaud ou qu'il ne le soit pas assez,
quelques personnes se servent d'un autre moyen , ils exposent pendant quatre ou cinq jours
de suite , les cocons à la plus grande ardeur
du soleil , & les y laissent chaque jour pendant quatre ou cinq heures. Les Vers , à ce
qu'on prétend , y périssent immanquablement ,
& encore pour une plus grande sûreté , après
avoir retiré les cocons sur les trois heures après
midi, on les enveloppe dans des couvertures
bien chaudes & on les porte tout de suite dans
un lieu frais. La chaleur concentrée dans les
couvertures, étouffe plutôt les Vers ; elle les
désseche entièrement & ils ne conservent plus
aucune humidité. Si cependant il survenoit un
temps de pluie pendant la saison des cocons,
il faudroit recourir au four ; mais pour lors
il ne faut laisser dans le four aucune braise

ni aucune cendre trop chaude, & avoir en outre attention d'ôter des cocons tout le duvet ou
fleuret qui les enveloppe, ce qui se fait en
tournant autour des cocons avec le pouce &
sans y employer les ongles. Sans cette précaution, le feu pourroit prendre aisément au duvet dans le four; d'ailleurs ce duvet n'est propre qu'à être filé au rouet ou à la quenouille.
Avant que de clorre ma lettre, je vous communi-
querai encore, Monsieur, quelques observations de M. la Rouviere. Il a observé qu'il
n'y avoit point d'endroit plus favorable pour
faire éclorre la graine des Vers à soie, que de
la placer dans le lit auprès d'un enfant âgé
depuis trois jusqu'à sept ans. Avant que de placer cette graine au lit, dit Mr. la Rouviere, on
la mettra dans un linge blanc de lessive sans
la presser, ainsi que je l'ai dit dans ma trente-
septieme, & on enveloppera le linge d'un
morceau d'étoffe de peluche de soie qu'on plie-
ra en deux doubles, ayant la précaution de
renfermer intérieurement la partie poilue.
Toute la graine ne réussit pas, dit il ; celle de
la premiere ponte est toujours sûre, tandis que
celle de la seconde ne vaut rien.

Quand on tire les Vers qui viennent de la
boîte où on a mis la graine, il faut les placer
dans une autre, & ne mettre ensemble que
ceux qui sont nés dans les vingt-quatre heures, afin que tous ceux d'une même boîte aient
leur mue en même temps ; & quand le Ver
grossit & qu'on est obligé de le mettre sur les

tablettes, il faut mettre pardessus les tablettes,
de la paille de Seigle & la rafraîchir à chaque mue. Je vous entretiendrai, Monsieur,
à la suite, de la maniere avec laquelle on peut
tirer la soie des cocons.

J'ai l'honneur d'être,

Monsieur,

Votre très-humble & très-obéissant
serviteur, BUCHOZ, D. Méd.

Le 10 *octobre* 1769.

Paris, rue des Cordeliers, hôtel de Xaintonge.

ÉDUCATION
DES VERS A SOIE.

IL en est de l'éducation du Vers à soie comme des plantations, & cette matiere de laquelle dépend totalement l'abondance des récoltes, se trouve encore différemment traitée par les Ecrivains. Cependant, on commence à s'appercevoir que l'expérience rapproche insensiblement les procédés essentiels sous un même point de vue. Je joindrai à ce que j'ai appris, par des opérations réitérées, ce qui me paroîtra le plus certain dans les Auteurs ; & ceux qui me liront, ne doivent point s'étonner de me voir emprunter des articles presqu'entiers de différents mémoires sur l'éducation du Ver à soie ; ce sera une preuve que je les ai trouvé vrais, conformes à l'expérience, simplement & clairement rendus, & que je n'ai pas cru pouvoir mieux m'exprimer. Je trouve qu'il est louable, en pareil cas, d'être plagiaire, & de ne pas sacrifier les bonnes choses à l'ambition de passer pour génie créateur.

Je divise en plusieurs articles l'éducation du Ver à soie.

1°. L'emplacement d'une Coconniere.

2°. La graine du Ver à soie.

3°. La couvée de la graine.

4°. Les différents âges du Ver à soie.
5°. La montée.
6°. Les maladies.
7°. Les parfums.
8°. Les soins de la feuille.

La Coconniere.

Tout le monde n'a pas des plantations assez vastes pour entreprendre des nourritures qui puissent occuper un grand emplacement, & encore plus souvent les facultés d'un Cultivateur ne lui permettent pas de faire des constructions destinées à cet objet seul. Dans ces circonstances contre lesquelles il seroit imprudent de se roidir, on fait très-sagement de tirer le meilleur parti de ses habitations, & de réparer, par un peu plus de soin, les inconvénients du local, auquel on est forcé de s'assujettir. Mais si on se trouve dans la possibilité de construire à neuf une Coconniere, & de tailler en plein drap, voici les regles générales qu'on doit observer le plus exactement qu'il sera possible.

Il faut sur-tout se mettre en garde contre le luxe trop ordinaire dans les constructions modernes. Celle-ci ne sert qu'environ deux mois, & n'exige que des matériaux de pure nécessité, les moins rares & les moins coûteux.

Une Coconniere doit être placée très-près des plantations, & même au centre, s'il est posfible. C'est un objet d'économie, que la proximité répete & multiplie, tant que dure la récolte de la feuille.

Un lieu fec, un peu élevé, où l'air foit communément tranquille, peu fujet aux brouillards, éloigné des marais, des étangs, des forêts, est la fituation la plus avantageufe.

L'établiffement doit former un quarré long, dont l'une des principales faces, eft l'afpect du levant ou du nord-eft, compofé d'un raiz-de-chauffée, & d'un étage au deffus.

Le raiz-de-chauffée fervira particuliérement de Magafin pour la feuille, il fera voûté ou plafonné en plâtre. Il doit avoir des jours à toutes fes faces, pour établir avec plus de facilité un courant d'air, qui puiffe promptement fécher la feuille quand elle eft mouillée; l'aire fera carrelée ou fimplement formée d'une terre bien battue, mais à la hauteur d'environ dix-huit pouces; on élevera une efpece de faux plancher, compofé de claies d'ofier peu ferrées, pour entrepofer la feuille. C'est un moyen affuré de l'empêcher de contracter de mauvaifes odeurs, & d'éviter l'echauffement, la pourriture, & toute mal-propreté. C'eft une attention effentielle d'où dépend en grande partie la réuffite des nourritures, & malheureufement fort négligée.

Au deffus du raiz-de-chauffée, feront établis les atteliers fur toute la longueur du bâtiment, & proportionnés à la quantité des Vers qu'on veut nourrir.

Il eft reconnu que les nourritures trop con-

sidérables ne réussissent jamais bien , & souvent
assez mal , pour ne pas dédommager le propriétaire de ses frais , parce que la confusion
se met dans le travail. La négligence y paroît
moins sensible , la température plus difficile à
maintenir au même degré , l'air moins aisé à
renouveller également ; l'épidémie y fait toujours des progrès plus rapides , & la mal-propreté y regne communément ; mais il ne s'ensuit
pas de tous ces inconvénients , qu'on ne doive pas entreprendre de grandes nourritures ,
même les plus fortes , & qu'on agisse plus prudemment de vendre sa feuille , ou de la donner
à moitié.

Un conseil si précis , donné par un Auteur
qui a la confiance publique (1) est suffisant
pour arrêter les projets de grandes plantations ,
& prescrire des bornes aux récoltes & aux bénéfices des Cultivateurs. Mais rassurons nous ;
rien de plus facile à pratiquer que les moyens
contraires à cette erreur : les voici ; ils sont simples ; le premier coup d'œil , & l'expérience en
confirment le succès.

On convient qu'un espace de trente pieds
de longueur , sur vingt de largeur , est suffisant
pour loger , à l'aise , environ huit onces de
graine. Si vous voulez pousser plus loin votre
récolte , & que l'étendue de votre bâtiment le
permette , divisez votre Coconniere en autant
d'appartements de cette capacité ou de toute

____

(1) M. Rigaud , pag. 44.

autre la plus convenable aux proportions de votre édifice; faites régner sur la face exposée au couchant, un corridor ; numérotez vos portes, établissez un conducteur à chaque chambrée ; assignez-y séparément & à des heures réglées, la distribution des feuilles, & pour exciter l'émulation, annoncez une récompense à l'attelier qui réussira le mieux. Par cette opération, qui est bien simple, vous réunissez sous un même toit plusieurs nourritures, que vous auriez dispersées dans vos domaines, & qui, éloignées de l'œil du maître, réussissent communément très-mal. Enfin, tous les inconvénients de la confusion se trouvent levés, & les épidémies plus faciles à prévenir.

On attache les poëles pour chaque chambre au galandage du corridor, d'où on les allume en dehors ; par ce moyen, on n'est jamais incommodé par la fumée du bois ou du charbon, qui pourroit nuire aux Vers dans le sommeil des mues, qui exige toute la tranquillité possible.

On doit également éviter la dépense dans la construction des poëles, pourvu qu'ils chauffent bien l'appartement, cela suffit. Les meilleurs matériaux sont les briques brutes liées ensemble par un mortier bâtard, composé de chaux vive, de sable fin & de plâtre, ou tout simplement par la terre à four. Rien de plutôt construit & qui échauffe plus également & plus long-temps.

J'observe encore, & par expérience souvent répétée, que ces nourritures de huit onces sont

T

de moitié trop fortes pour avoir un plein fuccès. C'eft tout ce que peut faire une femme,
de conduire, avec l'ordre néceffaire, les Vers
de quatre onces; encore eft-on obligé de lui
donner la main aux derniers jours de la freze,
& pendant toute la montée.

Les jours qui éclairent une Coconniere en regle, ne doivent être pris qu'au levant, au nord-
eft; cet afpeѐ eft toujours fain & jamais orageux; le couchant eft toujours humide & im-
pur, le midi, fur-tout aux approches du folftice, affoiblit confidérablement les Vers, &
leur ôte l'appétit, & le nord eft trop froid. Il
eft cependant bon d'avoir un petit appartement
au midi pour faire éclorre les Vers au printemps, & les y conferver même jufqu'à la fortie de la feconde mue.

Les murs à l'intérieur doivent être enduits
de mortier fin, ou de plâtre bien liffé à la truel-
le, les planchers bien affemblés, & les fenêtres &
portes fermant exaѐtement. On doit prendre
toutes les précautions poffibles pour fe mettre
à l'abri de l'incurfion d'une infinité d'animaux
mal-faifants, tels que les lézards, les rats, les
araignées & les fourmis, qui défolent cruellement une nourriture, quand une fois elles s'en
font emparées.

Il eft bon de pratiquer dans les trumeaux in-
termédiaires des fenêtres, un enfoncement pour
y placer, en cas de befoin, des brafiers bien
confommés.

Au lieu de vitres, je confeille de garnir les
fenêtres en papier huilé : outre l'économie,

j'ai reconnu un avantage qui mérite considé-
ration, c'est que dans les temps d'orage, l'é-
clair perd beaucoup de sa vivacité en traver-
sant le papier, & le verre au contraire en augmente l'éclat, qui fait une impression très-vive
sur les Vers à soie, à en juger par le mouvement surnaturel qu'il leur occasionne. Il est
même bon en pareil cas d'allumer des lumieres
pour diminuer l'effet de l'éclair, mais jamais
des lampes à huile.

Il faut à chaque fenêtre des volets extérieurs
pour rompre les grands coups de vents, prévenir les dégâts d'une grêle, & donner de
l'obscurité, qui est très-favorable aux Vers.

On doit nécessairement pratiquer des soupiraux à la voûte du raiz-de-chaussée, qui cor-
respondent à d'autres ouvertures dans les planchers supérieurs de la Coconniere, & sur une
longueur de 20 pieds; il en faut au moins un
de chaque espece; c'est par ce moyen qu'on
parvient à rafraîchir & à renouveller l'air des
chambrées; attention indispensable, & sans laquelle on ne réussira jamais bien. Plus les planchers des Coconnieres sont élevés, plus l'air y
est sain, les mesures les plus avantageuses sont
de 12 à 15 pieds.

L'intérieur de chaque chambrée doit être
meublé de tablettes destinées à recevoir les Vers.
On commence par en garnir les murs des deux
bouts sur toute leur longueur; on les appuie
sur des treteaux divisés par échelons, d'environ 15 pouces de distance, perpendiculaire-
ment fixés aux deux planchers; on éleve en-

fuite au travers des logements , & parallele-
ment aux premiers , d'autres atteliers d'un égal
nombre d'étageres , entre lefquelles on laiffe
un trottoir d'environ trois pieds, pour faciliter
l'ouvrage. On donne communément 2 pieds
de largeur aux tablettes qui garniffent les murs,
& jufqu'à 4 & 5 aux autres ; on les fait de
planches de fapin blanchies, exactement bien
rapprochées les unes des autres ; on fe fert auffi
de claies d'ofier ou de rofeaux qui par la claire-
voie retardent la fermentation des litieres , &
en diminuent beaucoup l'effet pernicieux.

On a l'ufage barbare de faire coucher dans
l'intérieur des Coconnieres, les perfonnes attachées à l'éducation des Vers. Outre la mal-
propreté qui en peut réfulter , & qui ne peut
être que très-nuifible à ces infectes, je vois beaucoup d'inhumanité à expofer ainfi la fanté des
hommes , qui ne peut être qu'altérée par les
exhalaifons mal-faines & la fermentation continuelle des litieres. A quoi bon cette affecta-
tion de proximité ? Les nourriffons inftruifent-
ils de leurs befoins , & appellent-ils la gou-
vernante ? C'eft l'heure fixée des repas qui la
regle uniquement , & qui la fait mouvoir , &
quelques pas de plus à faire , ne peuvent cau-
fer aucun dommage. Il n'y a perfonne qui,
au fortir d'une nourriture , au centre de laquelle elle aura pris fes heures de repos ne fe
trouve plus ou moins dérangée , & quelquefois très-dangereufement. Elevons des Vers à
foie , mais ne leur immolons pas des victimes
humaines.

De la graine du Ver à soie.

Il est impossible de donner des connoissances bien décidées sur la bonne ou mauvaise qualité de la graine du Ver à soie ; on sait qu'immédiatement après la ponte, elle est blanche, & qu'en peu de jours, elle passe successivement par des nuances jaunes & purpurines, & qu'elle se fixe enfin à la couleur grise un peu foncée ; elle pétille sous l'ongle quand on l'écrase, & il en sort une liqueur visqueuse & transparente. La bonne graine ne surnage point, quand on la jette dans l'eau.

Cette graine résiste sans altération aux froids les plus rigoureux, mais celle qui a éprouvé trop de chaleur, qui a manqué d'air, ou qui a été altérée par quelqu'autre accident, conserve à-peu-près la même couleur, & fait les mêmes épreuves qu'une graine bien saine ; mais elle ne donne que des Vers foibles qui n'ont jamais la force de finir leur carriere ; les plus grands connoisseurs s'y trompent au coup d'œil, il en est de même de la graine qui provient de cocons imparfaits, satinés, veloutés, trop flexibles, bourrus ou percés, elle ne donne jamais des Vers robustes, & toujours de mauvais cocons, qui ne sont communément propres qu'à faire du fleuret.

» On appelle *graine vierge*, celle qui étant
» de couleur jonquille, n'a pas été fécondée ;
» cependant elle produit des Vers, mais plus

» délicats, plus foibles, & inhabiles à la repro-
» duction; la soie n'en est jamais ferme ».
L'œuf du Ver à soie s'écarte de la marche ordinaire de la nature, puisque, sans avoir été
fécondé, il produit un être organisé.

Ce sont là les dangers importants, auxquels
on est exposé, quand on se trouve dans la
nécessité de passer par des mains étrangeres &
infidelles. Il faut nécessairement s'assujettir à
faire sa graine : rien de plus facile. On choisit
des cocons *jaunes* ou *céladons*, les plus hâtifs,
les plus fermes, & dont le tissu est le plus fin.
On prend autant de mâles que de femelles.
Les cocons mâles sont plus durs, plus fins,
moins évasés & pointus. Ceux des femelles
sont ventrus, presque ronds par les deux bouts,
& d'un grain plus lâche. 240 de ces cocons
assortis, qui font communément le poids d'une
livre de marc, (1) & qui représentent à-peu-
près une once & demie de soie, donnent environ une once de graine; on en forme des
chapelets, en passant un fil sur la surface du
cocon, sans pénétrer dans l'intérieur, & on
les suspend dans un lieu sec & tempéré.

Je trouve très-mauvaise la méthode généralement reçue d'entre-mêler, de l'un à l'autre,
les cocons mâles & femelles. Quelqu'attention
que l'on prenne pour ne choisir que les meil-
eurs, il paroît toujours dans l'un ou l'autre

---

(1) Il faut environ 300 cocons blancs pour une livre.
Cette différence se trouve au tirage en même proportion.

fexe des papillons malades , effilés , & fans
vigueur , qui ne peuvent produire qu'une graine défectueufe , & qui fouvent n'eft pas même fécondée. L'accouplement commence avant
qu'on ait le temps d'en faire la diftraction. Il
eft beaucoup plus sûr de féparer les fexes ;
on en fait la revue tous les matins , on fup-
prime tous les mauvais , & on n'accouple que
les vigoureux.

Les papillons mâles fe reconnoiffent par un
corfage dégagé, un battement d'ailes fréquent,
beaucoup d'agitation & de légéreté. La femelle au contraire a le ventre gros, eft pefante,
& prefque toujours fans mouvement ; on les
place par ordre fur une table , & on donne
un mâle à chaque femelle , jamais plus. Un
mâle ne doit fervir qu'une fois.

Au bout de 7 à 8 heures , on détache les
mues ou *couples* qui ne fe font pas féparées
d'elles-mêmes. On a foin, dans cette opération , de ne toucher la femelle qu'avec beaucoup de légéreté ; mais on ne ménage pas le
mâle , qui n'eft plus propre à rien. On tranfporte les femelles fur des pieces d'étamine bien
rafes, noires ou brunes , attachées à un mur,
dans un endroit fec & obfcur.

La ponte fe fait ordinairement à deux reprifes ; la premiere eft la plus abondante & la
meilleure , & on devroit uniquement s'y borner ; la derniere donne des Vers tardifs , &
communément foibles. On a toujours tort de
laiffer épuifer les pontes.

Quand la ponte eft entiérement finie , &

les étoffes débarraffées des papillons , on les détache , on les roule , & on les fufpend au grand air , pour fécher la graine , & lui laiffer prendre toute fa confiftance. Au mois de Septembre on détache la graine avec une lame mince de métal, qui ne foit pas tranchante; & pour faciliter cette opération, on fouffle fur la graine quelques gorgées de vin pour humecter l'étoffe. On rejette la graine jaune , & quand on a entiérement détaché celle qui eft de couleur grife , on la jette un inftant dans du vin, on fépare celle qui furnage , & qui ne vaut rien ; on fait fécher la bonne graine à l'ombre , & on divife dans des cornets de papier , par once , tout au plus.

Ma méthode , pour conferver ma graine , eft de la répartir par once , dans de petites bouteilles de verre , dans lefquelles je laiffe un quart de vuide. Je garnis les goulots d'un fimple morceau de mouffeline claire , & qui ne puiffe pas intercepter l'action de l'air. Je place mes bouteilles dans un lieu fec & tempéré, & je les remue fouvent. Pour maintenir la graine , à peu près au même degré de température , à l'entrée des grands froids , je mets les bouteilles dans une armoire , enveloppées dans de l'étoffe , ou dans une fourrure , jufqu'au retour du printemps. Jamais une graine ainfi confervée , ne fe trouve altérée , ni expofée à la dent des rats & autres animaux.

Prefque tout le monde eft dans la mauvaife habitude de tremper dans du vin la graine de Ver à foie à peu près dans le temps qu'on se dispose à la couvée. Je suis convaincu que cette opération, suivie d'un prompt desséchement, ne peut que durcir l'écorce de la graine, & lui occasionner même un refroidissement, dans une époque où l'on doit au contraire mettre toute son attention à procurer à la graine une fermentation douce & graduelle. Ce bain qui doit être fait très-promptement, ne doit être appliqué que dans l'instant de la séparation de la graine d'avec l'étoffe, pour en rejetter celle qui surnage.

On demande si la graine de notre climat dégénere. Je regarde jusqu'à présent cette question, au moins comme très-problématique. Je sais par expérience, qu'une graine peut dégénérer tout à coup dans un attelier; mais cet effet n'est qu'accidentel, & n'arrive qu'à la suite d'une mauvaise couvée, ou d'une nourriture mal suivie. Mais je ne me suis jamais apperçu qu'une graine faite avec les précautions requises, dégénérât en aucune façon, j'ai même trouvé beaucoup d'avantage à perpétuer l'espece accoutumée au climat, & au terrein d'où elle est originaire. Les graines étrangeres réussissent, & manquent comme les nôtres; mais je me suis apperçu que celle du Piémont sont les plus délicates, & qu'elles font des merveilles, au bout d'une ou de deux récoltes.

M. Castellet, très-éclairé Praticien, nous assure avoir trouvé un moyen infaillible, & bien simple de renouveller la graine, qui est de choisir les plus petits cocons doubles, &

une égale quantité des plus beaux cocons blancs, mâles & femelles, & d'en accoupler les papillons qui en sortiroient. » De ce mélange naît » une nouvelle génération, qui participe à » la vigueur toujours supérieure des papillons » des cocons doubles, & à la beauté de la » soie des cocons blancs. » J'avoue que l'infaillibilité de cette découverte m'étonne, nous la devons au hazard, car jamais le raisonnement n'y auroit conduit l'Auteur.

De la couvée de la graine.

La couvée de la graine est un des objets qui influe le plus sur nos récoltes de soie. Cette opération peut se faire de deux façons, naturellement ou artificiellement. La couvée naturelle n'exige que l'action de l'air extérieur, l'artificielle se fait à l'aide d'une chaleur empruntée, dont on fixe le degré. La première ne peut avoir lieu dans notre climat, sans beaucoup de retard, & sans nous jeter dans les inconvéniens des chaleurs du solstice, d'une feuille trop dure, & d'une inégalité d'âge fort embarrassante; la seconde demande de grandes attentions, & c'est la seule, quant à présent, à laquelle nous devons nous fixer avec sûreté.

Aux approches du printemps, on prépare la graine au développement de son germe, en l'exposant à la chaleur naturelle de la saison & dans l'endroit le plus chaud de la maison. Quand la pousse des Mûriers paroît en général bien décidée, on s'attache férieufement à la couvée, dont voici les procédés les plus ufités dans tout le Royaume.

On divife la graine par once, on la met dans des fachets de toile un peu ufée, claire & propre; il faut au moins un tiers de vuide, on la confie à une jeune perfonne faine, & fans mauvaife tranfpiration, elle la porte pendant le jour entre deux juppes, dans une poche de coton neuve; la nuit, elle attache les fachets fous le chevet de fon lit. Il faut vifiter & éparpiller de temps en temps la graine, environ 4 fois par vingt-quatre heures, jufqu'à ce qu'elle commence à s'éclaircir, & à prendre une couleur blanchâtre; elle eft pour lors fur le point d'éclorre, & c'eft le moment de la tirer des fachets, pour la placer dans de petites boîtes, fermant à l'aife. On garnit le fond d'une couche de coton, qu'on recouvre d'une toile fine & propre, fur laquelle on étend la graine, de l'épaiffeur de trois ou quatre lignes. On place deffus une feuille de parchemin, découpée en forme de crible, pour donner paffage aux Vers.

Si le lit de graine répandue dans la boîte, étoit d'une plus forte épaiffeur que celle que j'ai prefcrite, il en réfulteroit les inconvénients fuivants. 1°. Les œufs n'éprouveroient pas tous le même degré de chaleur, ce qui donneroit des inégalités confidérables, & à éviter dans les levées. 2°. Les vers qui naîtroient du fond de la couche, feroient cruellement fatigués, & périroient même par le grand effort qu'ils feroient obligés de faire, pour percer au travers d'un nombre infini de coques humectées d'une matiere gluante, à laquelle s'attache le fil que l'infecte apporte en naiffant.

Pendant toutes ces manipulations, il faut faire attention à ne pas occafionner un trop grand refroidiffement à la graine; on place promptement les boîtes entre deux couffins de plume, enveloppés de couvertures de laine chauffées, & on entretient la graine dans une chaleur la plus égale qu'il eft poffible, & qui dans tout le cours de la couvée, doit être du dix-huit au vingt-deuxieme degré du thermo-metre de M. de Réaumur.

Si dans les premiers jours de la couvée, on veut fe fervir la nuit de la chaleur ordi-naire du lit, il faut tenir les boîtes un peu é-loignées du corps, dont la tranfpiration ne doit pas être ajoutée à celle de la graine; on doit fur-tout fouvent donner de l'air aux boî-tes, pour prévenir les effets de la fermenta-tion infenfible de la matiere glaireufe des co-ques, qu'ils ont percées en naiffant. Ces der-niers inconvéniens font les plus redoutables, & alterent pour toujours & fans remede la conf-titution de ces infectes; il eft reconnu qu'une chaleur étouffée leur eft mortelle dans tous les âges de leur vie.

Le temps qu'exige une couvée bien condui-te, eft de 8 à 9 jours, & tout au plus de 10 à 11 jufqu'à fa fin. Il eft également dangereux de précipiter une couvée par une trop forte chaleur, & c'eft ce qui occafionne la perte de beaucoup de récoltes. On devroit rejetter la graine, qui reste après les deux premiers jours du commencement de leur naissance; & pour ne pas se trouver au dessous de la nourriture qu'on a projetée, il faut mettre à éclorre sur deux onces de graine, une demi-once de plus; on évite par ce moyen les embarras inévitables que donnent les traîneurs.

A mesure que les Vers éclosent, on garnit le parchemin de feuilles les plus nouvelles & les plus tendres de sauvageon, fraîchement & proprement cueillies; elles sont bientôt couvertes de Vers qu'on enleve légérement, 2 3 ou 4 fois par jour pour les placer suivant leurs dates, dans le milieu de plus grandes boîtes ou corbeilles, garnies de papier blanc. Les Vers demandent à cet âge, à être fort au large, & les feuilles qu'on enleve du parchemin, ne doivent occuper, tout au plus, que le tiers du fond des boîtes. On garnit le reste de feuilles fraîches, sur lesquelles les Vers se répandent très-promptement.

Cette méthode de couvée, quoique généralement reçue, est subordonnée à bien des inconvénients, dont les principaux sont les variations inévitables de température, qu'il est impossible de régler avec précision, & l'effet d'une chaleur concentrée par les boîtes & par les coussins de plume, qui, en refluant sur les graines ou sur les Vers naissants, en altere nécessairement la constitution; c'est ce qui a engagé plusieurs savants à chercher des moyens moins incertains par l'application des étuves : on doit tout efpérer de leurs lumieres. Mais jufqu'à préfent ces expériences ne paroiffent pas encore totalement dépouillées d'inconvénients , & je n'en donnerai aucun détail; j'indiquerai feulement les ouvrages des Auteurs qui méritent le plus la confiance publique , tels M[rs]. Sauvage & Caftellet.

Il n'eft pas douteux qu'on doit adopter avec empreffement tous les moyens capables de donner à la couvée de la graine , une chaleur graduelle , & du degré de laquelle on puiffe totalement fe rendre maître. Rien ne tend plus directement à ce but, que les étuves guidées par un thermometre. Je n'ai point de conftructions de bâtiments à cet effet , & j'ai cru les remplacer beaucoup mieux par des étuves portatives , dont voici les proportions.

Une caiffe de bois de la hauteur de 18 pouces, fur 12 pouces de longueur , 9 pouces de largeur. A la hauteur de 12 pouces , je place intérieurement une feuille de fer blanc foutenue par un fupport de deux lignes, pris dans l'épaiffeur du bois , & je fcelle hermétiquement cette feuille avec du maftic de Vitrier. A un pouce au deffus de cette premiere feuille , j'en place une feconde avec les mêmes précautions. Je couvre cette derniere d'un matelas de coton ou de bourre de foie, de l'épaiffeur de 4 à 5 lignes, j'y place un thermometre , & je ferme la partie fupérieure d'un couvercle de fer blanc piqué comme une rape.

L'étage inférieur a une porte à l'un des côtés, n'importe lequel , & à chaque face, des

regiſtres à gliſſoir de 3 ou 4 pouces d'ouverture. Je place dans l'intérieur une lampe à
pluſieurs meches, dont le bout du jet de flamme puiſſe parvenir à la feuille du fer blanc ,
qui eſt bientôt échauffée , & qui feroit trop
d'effet dans ce ſeul point, ſi je n'y avois re-
médié par l'eſpace d'un pouce , que j'ai laiſſé
entre les deux feuilles. C'eſt une eſpece de ré-
ſervoir pour la chaleur , qui s'étend & réchauffe avec égalité la ſeconde feuille. Mon
thermometre m'indique le degré de chaleur.
Le couvercle de mon étuve , qui eſt à jour,
eſt couvert extérieurement d'un morceau d'é-
toffe légere qui n'eſt point attachée , & par
le moyen de laquelle je donne de l'air à ma
graine , & je diminue ou augmente le degré
de chaleur.

La graine eſt étendue également ſur le matelas ; une pareille étuve en contient à l'aiſe
quatre onces. Je donne au commencement de
la couvée, environ 15 à 16 degrés de chaleur,
que je gradue de jour en jour juſqu'à environ
22. J'augmente ma chaleur , ou par la groſſeur , ou par le nombre de mêches de la lampe. Les regiſtres ſervent à donner l'air néceſſaire à la flamme ; & avec toutes ces précautions, l'opération eſt uniforme , & ſe ſoutient
dans le même point de préciſion, la nuit comme le jour. Il ne s'agit que d'obſerver de temps
en temps le thermometre fait ſur de bons principes , & de donner de l'air quand il le faut.

Si on eſt dans le cas d'une grande nourriture , qu'on aura ſans doute diviſée par cham-

brée de 4 onces de graine , comme je l'ai
conseillé , on donnera à chacune une pareille
étuve , dont la construction n'est pas coûteuse ,
qui remplit certainement tous les objets de la
couvée , & pare à tous les inconvénients de la
méthode ordinaire.

On peut supprimer , si l'on veut , la dépense de la lampe ; & se procurer une chaleur
graduée par d'autres moyens. 1°. Par celui
d'une ou deux briques de 3 à 4 pouces d'é-
paisseur fortement chauffées , sans être rouges.
On les place au lieu de la lampe , sur une
tuile froide pour ne pas mettre le feu à la
caisse. 2°. Par du sable fin , qu'on fait bien
chauffer à sec dans un pot de fer. Il faut laisser environ 5 pouces de vuide entre le sable
& le fer blanc , supprimer la seconde feuille
comme pour l'usage du carreau , & fermer la
caisse le plus parfaitement qu'il est possible ,
en se réservant cependant la liberté d'ouvrir
les registres dans les cas d'une chaleur trop forte. Un peu d'habitude assure bientôt la justesse
de ces deux procédés , dont je préférerois le
dernier qui est plus égal ; il soutient son effet
pendant 10 à 12 heures , sans varier que d'environ un degré ; la variation momentanée de
1 à 2 degrés dans le cours d'une couvée , n'est
d'aucune conséquence.

Par cette méthode , qui est de la plus grande
simplicité , on voit éclorre toute la graine communément dans 24 heures , & on évite , à coup
sûr les inconvénients qui sont inséparables de
la vieille routine.

Les

Les deux premiers jours de la couvée , on doit régler l'étuve à 15 ou 16 degrés , & la graduer de jour en jour jusqu'à 22 , 24, 25 degrés. Je ne conseillerois pas de porter plus haut la chaleur.

Des différents âges des Vers.

C'est dans les premiers jours de la vie des Vers à soie, qu'il faut prodiguer les soins , pour leur donner une complexion robuste; les plus essentiels sont une extrême propreté, sans laquelle ils ne parviendront jamais à bien , des repas uniformes, peu abondants , & répétés avec ordre. Il faut tenir les jeunes Vers fort au large , & ne les toucher que le moins qu'il est possible. A cet âge leur appétit se regle par le plus ou le moins de chaleur qu'on leur donne, qui doit être du 16 au 18e. degré du thermometre de M. de Réaumur , & jusqu'au 20e. degré dans le sommeil des trois premieres mues , après lesquelles on les habitue insensiblement à l'air naturel de la saison.

Premier âge.

La premiere nourriture du Ver à soie, doit être la feuille de jeunes plants de sauvageons, qu'on leur donne de trois en trois heures, la nuit comme le jour, jusqu'au sommeil de la premiere mue.

Si la couvée a été bien soignée ; si on a soutenu le même degré de chaleur qui

V

a fait naître les Vers ; si on leur a procuré un air sain & une circulation libre ; si la feuille n'a pas été endommagée par la gelée, par des vents continuels du nord, par la mal-propreté, ou par quelqu'autre accident ; si le régime a été uniforme, & si le temps n'a pas été constamment mauvais ; il ne doit y avoir qu'un intervalle de 6 à 7 jours, depuis la naissance des Vers jusqu'à l'entrée de la premiere mue, & de même entre toutes celles qui suivent. Les contraires de ce qui vient d'être supposé conduisent jusqu'à 10 & 12 jours ; d'où l'on peut conclure une mauvaise récolte, ou du moins très-tardive & dispendieuse.

L'entrée des mues est indiquée par un air languissant & la perte de l'appétit ; la peau des Vers est luisante ; ils se cachent dans la litiere, ou sous les feuilles, leur tête grossit, & ils la tiennent levée, leur bouche blanchit, leur peau se chiffonne, leur corps se raccourcit, & ils restent dans cet état de souffrance pendant environ deux jours, immobiles, & sans prendre aucune nourriture.

La sortie des mues s'annonce par des mouvements qui paroissent convulsifs ; ces animaux se tourmentent, & s'agitent beaucoup pour se dépouiller de leur peau, & ils reparoissent avec une nouvelle, d'un gris cendré.

Il ne faut pendant les mues que beaucoup de chaleur, de tranquillité & d'obscurité dans les chambres, sans aucune fumigation ni nourriture. *Premiere mue.*

A la fin de ce premier sommeil, on leve la

litiere en ne touchant les Vers que le moins
qu'il est possible, par le moyen des feuilles
fraîches qu'on leur donne. On regle les repas
de 4 en 4 heures de nuit & de jour, & on ne
donne que de la feuille de sauvageon; on
leur fait, si l'on veut, quelques fumigations
d'herbes odoriférantes, & on renouvelle l'air
de la chambrée par le moyen des soupiraux ou
des fenêtres, si le temps le permet. On commence à mettre les Vers plus au large.

Seconde mue.

A la seconde mue, mêmes soins pour la
propreté, la température & le renouvellement
d'air. On regle les repas de 5 en 5 heures,
& on emploie la même feuille des jeunes plants
sauvageons. Les Vers croissent du double en
longueur & en grosseur, depuis la premiere
mue jusqu'à la seconde, c'est pourquoi il faut
leur donner beaucoup plus d'espace.

On conserve les Vers dans les boîtes & corbeilles, & dans un petit appartement bien
clos, jusqu'au réveil de la troisieme mue, le
gouvernement en tout genre en est beaucoup
plus facile & plus égal.

Troisieme mue.

La troisieme mue est la crise qui paroît la
plus fatigante pour les Vers, & c'est à cette
époque que s'annoncent la plupart des maladies dont ces insectes sont affligés, c'est pour-

quoi il faut redoubler de soins & d'attentions
avant & après ce dangereux passage. Voici le
régime de vie que propose M. Rigaud, pag.
35. » Quelques jours avant cette mue, il faut
» donner aux Vers, au moins une fois par
» jour, de la feuille *reine bâtarde*, ou de la
» *petite reine greffée*, ou de la *dorée*, ou de
» la *rose*, hâchée de la largeur d'un travers
» de doigt, & que l'on aura arrosée avec de
» bon vin ; un demi verre suffit pour un sac
» de feuille.

Ce régime, observé par un praticien très-
expérimenté, ne peut être suivi que par les
nourriciers qui ont de ces especes de feuilles
étrangeres ; mais outre cela, je soutiens qu'en
général, il n'est pas prudent de changer de
qualité de feuilles, & je conseille toujours de
s'en tenir au bon sauvageon, si on a commencé par cette espece. La qualité de la soie dépend totalement de cette attention. J'observe
seulement de donner dans cette circonstance
critique de la vie des Vers, une feuille plus
nourrissante & plus faite que celle des jeunes
plants.

La précaution de hacher la feuille n'est pas
nuisible, mais elle me paroît assez indifférente
pour le régime. Cependant il en résulte une
économie réelle de feuille, que j'estime au
quart.

Quant au vin dont on arrose la feuille dans
plusieurs endroits je trouve bien singulier qu'on
ait imaginé une analogie entre cette liqueur
& le Ver à soie ; ce sont de ces raffinemens

que j'apprécie à rien , ou à très-peu de chose.
Le vin dans ce cas ci , ne peut être regardé ,
tout au plus , que comme un parfum , qu'on
donne à la feuille pour diminuer ou empor-
ter les mauvaises odeurs , qu'elle auroit pu
contracter; j'avoue qu'il y a très peu de temps
que je connois cette méthode , je ne m'en suis
jamais servi , & je n'ai pas moins bien réussi
dans les nourritures que j'ai conduites.

Au réveil de la troisieme mue , on transf-
porte les Vers dans les chambrées ; on les
distribue par égalité d'âge sur des tablettes
bien propres , on leur laisse un espace vuide
d'environ le double de leur volume au coup
d'œil. On peut employer les parfums , on diminue le degré ordinaire de la chaleur artificielle , & on renouvelle souvent l'air. On
réglera les repas de six en six heures; on aban-
donnera la feuille des buissons , & on commencera à cueillir celle des plus jeunes plants
sauvageons de la plantation , & ainsi successivement jusqu'à la fin de la nourriture , en
finissant par les arbres les plus anciens.

Quatrieme mue.

La quatrieme mue & la derniere , exigent
les mêmes attentions pour la propreté , le changement de litiere , & la salubrité de l'air intérieur des chambrées , qu'on rafraichit de plus
en plus à mesure que les Vers croissent , soit
par les soupiraux, soit par les fenêtres, si les
temps ne sont pas humides & orageux. A cet

âge, il faut donner beaucoup plus d'espace aux Vers, & une surface d'un pied quarré, n'en peut contenir à l'aise, qu'environ 130.

On regle les repas de 4 en 4 heures pendant les deux ou trois premiers jours, avec la même feuille du sauvageon, après quoi il n'y a plus de regle à suivre que l'appétit des Vers; ils sont pour lors d'une avidité étonnante, qui se soutient ainsi pendant 7, 8 & 10 jours; c'est le terme ordinaire de la vie de ces animaux, qu'il ne faut pas chercher à abréger dans ces derniers moments par un redoublement de chaleur. On doit au contraire les laisser rassasier à leur aise dans une température souvent renouvellée & rafraîchie, & ne leur pas épargner la feuille la plus mûre, & celle des arbres les plus sains & les plus anciens.

On peut dans les deux ou trois derniers jours, donner sans crainte quelques repas de feuilles greffées, & de la meilleure espece, telle que la *rose* des plus vieux arbres. Mais il faut bien faire attention à ne pas mélanger des feuilles de la pousse de la seconde seve, les Vers en creveroient sûrement avant la perfection des cocons, & même au premier moment de la montée.

Il convient dans ces derniers temps d'ôter la litiere, au moins tous les deux jours, & encore mieux tous les jours, parce qu'elle augmente en raison de la consommation des feuilles, & que les chaleurs de la saison la font fermenter plus promptement.

En général , on doit lever à tout âge les litieres, deux jours avant la mue, & immédia- tement après le réveil des Vers.

C'est environ six à sept jours après le ré- veil de la quatrieme mue, si elle a été précé- dée d'une éducation bien entendue, que les Vers commencent à mûrir ; on dit alors qu'ils sont en *freze*. Il paroît se former comme un nez , & des yeux autour de la gorge ; le mu- seau devient plus long , ils perdent insensible- ment une couleur verdâtre , qui se trouve remplacée par un jaune tirant sur l'or , & cette derniere se change enfin en une espece de cou- leur de chair , transparente sur la plus grande partie du corps , & particuliérement sur la queue ; ils ont une consistance molle , mais élastique au tact,& pour lors ils sont dans leur point de parfaite maturité , & prêts à filer leur soie ; mais le signe le moins équivoque , c'est quand on les voit quitter les feuilles, les ta- blettes , & ne chercher qu'à grimper , & à s'attacher à tout ce qu'ils trouvent. C'est le moment de les enlever , pour les transporter dans les cabanes.

La montée des Vers.

Le temps de la montée doit avoir été prévu , en laissant une ou deux tablettes vuides pour y dresser les premieres cabanes. On se sert, pour les construire, de genêt, de chêne verd , de chiendent , de jonc de terre, de sarment de vigne, de thim , de lavande, de bruyere , &c.

V iv

&c. Cette derniere espece de broffaille est la plus commode ; on la cueille environ six semaines d'avance , pour avoir le temps de la bien faire fécher , & de la dépouiller entiérement de ses feuilles & fleurs, qui ne feroient qu'embarraffer les Vers , & donner de la mal-propreté aux cocons.

On choisit la bruyere la plus longue & la plus droite ; on la raffemble par poignées , on leur donne six pouces de plus que la hauteur des étageres , à travers lesquelles on les arrange par files dont les parties supérieures se recourbant en sens contraire, les unes sur les autres , forment la voûte des cabanes ; on les espace de 12 à 15 pouces ; on place les bruyeres les plus fermes sur le devant des tablettes ; on entrelace dans les pieds quelques racines de chiendent , ou des coupeaux de sapin , pour aider les Vers à monter , ou pour loger ceux qui n'auroient pas la force de grimper plus haut.

Six cabanes bien rangées doivent contenir à l'aise le double des Vers d'une tablette de même longueur.

Si les bruyeres se trouvoient trop serrées les unes contre les autres , les Vers ne s'y placeroient pas commodément, & feroient beaucoup de cocons doubles, qui valent à peine le tiers des simples ; on éprouveroit le même inconvénient , si on furchargeoit les cabanes d'un trop grand nombre de Vers.

Quand les Vers sont au point de maturité convenable , une demi-heure après une donnée de feuille de Mûriers, on leur jette quelques feuillages de tilleuls, de chataigner ou de noyer. Ils s'y attachent promptement, & par ce moyen, on les transporte commodément & en plus grande quantité dans les cabanes, & sans les toucher; ce qu'il faut toujours éviter le plus qu'il est possible, dans tous les âges.

On répand ordinairement quelques feuilles de Mûriers sur les tablettes des cabanes, pour les Vers qui pourroient encore avoir quelques moments d'appétit, & on les dégage tous les jours de la litiere.

On numérote les tablettes des cabanes, & on observe leur date pour aller par ordre, dans le temps du décoconement.

Les mêmes opérations se font successivement de tablettes en tablettes, qu'on a toujours soin de bien nettoyer, & de frotter avec des herbes odoriférantes, & quand les Vers font tous retirés dans les cabanes, on les entoure de draps propres, parce que l'expérience nous apprend que l'obscurité favorise le travail des Vers, elle leur est avantageuse pendant toute leur vie.

Tant que durent la montée & le filage, il ne faut rien négliger pour toujours entretenir un air frais, sec & épuré dans l'intérieur des chambrées.

Le préjugé ordonne beaucoup de tranquillité pendant le filage des Vers; mais on doit être assuré qu'aucun bruit n'est capable d'en arrêter le cours; on attribue le même effet aux secousses qu'occasionne le tonnerre, parce qu'on éprouve souvent des pertes confidérables par les temps de tempête ; on jugera fenfément, fi on prend pour caufe de ces fâcheux événemens, les exhalaifons fulfureufes dont l'air fe trouve chargé. Enfin, on eft dans une contrainte éternelle fur les mauvais effets que peuvent occafionner les mouvemens d'un plancher, fur lequel on ne marche pas affez légérement ; fur ceux qu'on peut imprimer aux tablettes & aux cabanes, en manœuvrant autour. On doit être tranquille fur ces prétendus dangers, & on fera p arfaitement raffuré , fi on enferme quelques Vers murs dans une boîte , qu'on peut mettre dans la poche, & lui faire fubir tous les mouvemens de la marche & de la danfe la plus vive. On peut l'expofer au bruit des tambours & de l'artillerie ; les Vers iront leur train, & on aura de très-bons cocons fi les Vers étoient vigoureux.

Dans le temps de la montée , on eft dans l'ufage de faire des fumigations les plus actives , (1) fur-tout s'il regne des vents chauds du midi & du couchant, qui affoibliffent beaucoup les Vers. On eft trop heureux quand la montée fe trouve fecondée des vents frais du nord , & du levant , qui donnent une extrême vigueur à ces infectes.

Si pendant la montée, on apperçoit des Vers malades , il faut s'en débarraffer avec foin , & les jeter hors de la Coconniere.

---

[1] Voyez l'article des parfums.

Les Vers emploient communément 5 à 6 jours à perfectionner leur ouvrage qu'on pourroit déplacer au bout de 8 ; mais, comme, malgré toutes les attentions possibles, il y a toujours des inégalités dans les âges & dans la célérité du travail, il est d'usage de ne déramer les cabanes, suivant leurs dates, qu'au bout de 10 à 12 jours, à compter de celui auquel les Vers ont commencé à filer.

Les maladies des Vers.

Le Ver à soie, dans le court trajet de sa naissance à son tombeau, est sujet à une infinité d'infirmités dont les unes sont périodiques, & naturellement attachées à la nature de cette espece d'insecte. Ce sont les quatre mues qu'il éprouve, & dans le cours desquelles il en périt un grand nombre.

Les autres maladies sont accidentelles, & attaqueroient rarement le Ver à soie, si son éducation étoit confiée aux soins de la simple nature. Mais, comme nous prévoyons trop de dangers, ou que nous ne sommes pas encore assez éclairés pour oser risquer nos récoltes en plein air, nous retirons ces animaux sous nos toits, nous hâtons le cours de leur vie par une chaleur artificielle, & par un régime souvent le moins propre à leur constitution ; mais malgré toutes nos attentions & nos fatigues, il est démontré que nous perdons constamment, au moins la moitié, souvent les deux tiers ou les trois quarts, & même quelquefois la tota-

lité de nos récoltes; (1) & si nous confron-
tions la soie qui résulte de nos opérations for-
cées, avec celle que nous donne l'éducation
simple de la nature, nous trouverions dans
cette derniere, une qualité intrinseque, de
beaucoup supérieure à la premiere.

Si les maladies accidentelles viennent origi-
nairement d'une mauvaise graine ou d'une
couvée mal dirigée, & que la complexion de
l'animal soit altérée dans son principe, il n'y
a aucun remede, & la récolte est perdue.

Les maladies connues, & sur lesquelles nous
n'avons encore, à proprement parler, que les
connoissances du coup d'œil, & quelques no-
tions équivoques, sans remedes certains, sont
ordinairement causées par la mauvaise disposition du bâtiment, par une alternative subite
& réitérée du chaud & du froid, par des orages fréquents & violents, par les vents domi-

---

(1) Le produit d'une once de graine bien nette &
bien fécondée, est d'environ   .   .   40000 Vers.

Plusieurs nourritures bien suivies, faites
uniquement avec la feuille du sauvageon
ou du Mûrier franc, à fruits blancs, sans
être entés, peuvent donner un produit
commun de 80 livres de cocons. Il en
faut 250 pour une livre, donc il n'y a eu
dans les récoltes les plus abondantes qu'on
puisse se promettre, que 20000 Vers
venus à bien. Ci   .   .   .   .   .   20000.

Déchets.   .   .   .   .   .   20000.

nants de l'ouest & du sud , par une chaleur
concentrée & corrompue, par la fermentation
des litieres qui rabat sur les Vers faute d'échappement , & qui leur est toujours mortelle, par
le changement de nourriture , par des feuilles
qui ne conviennent pas aux différents âges, ou
qui sont mal-propres ou mouillées ou fermen-
tées , par de mauvaises odeurs telles que le
musc , le gingembre, toutes les épiceries , le
tabac, l'oignon , l'ail , le fumier , une haleine
corrompue , &c. &c. enfin , par toute espece
de mal-propreté, contre laquelle il faut scru-
puleusement se mettre en garde.

Les Auteurs ne s'accordent nullement sur les
définitions des maladies ; on en connoît de
plusieurs especes qui suivent assez réguliérement
la progression des âges. Je n'entrerai point dans
le détail d'une infinité de ces maladies, qui ne
sont que de foibles subdivisions des principales , causées par quelques accidents , qui n'ont
pas des suites fâcheuses. Je décrirai les plus
générales , & j'indiquerai les remedes qui m'ont
paru les plus certains.

Les passis.

Cette maladie, très-connue, peut se prévoir
dès le premier jour de la naissance des Vers ,
par la couleur de leur peau, qui est plus jaune
que brune. Elle se déclare ouvertement & à
son dernier degré après la premiere mue. Les
Vers qui en sont attaqués , sont effilés sans
vigueur & sans appétit.

On doit attribuer la caufe de cette maladie à une couvée forcée par un trop haut degré de chaleur. Il n'y a aucun remède à tenter ; il faut jeter les Vers, & procéder plus fagement à une nouvelle couvée, s'il en eft encore temps.

La luzette.

La luzette s'annonce fouvent dans le premier âge, & on la foupçonne occafionnée par une mauvaife couvée. Les Vers qui font attaqués de cette maladie, font aifés à reconnoître, par une couleur verdâtre & luifante ; ils ne changent point de peau ; ils groffiffent fans s'alonger ; ils font communément fixés fur les bords des tablettes, ils mangent autant que les autres, ils parviennent même jufqu'au temps de la quatrieme mue, mais c'eft ordinairement leur plus long terme, & ils ne donnent jamais de cocons.

Le figne le plus certain de cette maladie à fon dernier période, eft une goutte d'eau jaunâtre & épaiffe, qu'on apperçoit aux filieres, à peu-près au temps de la troifieme mue. Il faut jeter ces Vers, dès qu'on les peut diftinguer. Cette maladie eft incurable, & fait rarement de grands progrès dans une chambrée.

Les jaunes.

La dénomination de cette maladie, eft tirée de la couleur de citron foncé, qui la caracté-

rise à l'œil. Les anneaux de l'insecte sont distincte-
ment relevés en bourrelet, plus ou moins,
selon l'activité & l'ancienneté du mal.

Cette maladie se déclare, & fait des progrès très-rapides dans les temps chauds, &
quand l'air se trouve chargé de beaucoup de
vapeurs. Elle paroît rarement dans les vents
frais du *nord* & de *l'est*, & par des temps secs
& sereins.

La jaunisse est également & même très-souvent occasionnée par l'air concentré, humide
& mal-sain d'une chambrée; aussi trouve-t-on
plus de malades sur les tablettes les plus é-
levées.

Cette maladie n'est certainement occasionnée que par un épanchement de la lymphe dans
le tissu de la peau, par la raréfaction des hu-
meurs, & par un défaut de transpiration. Les
Vers dans cet état, sont d'une consistance
molle, sans force, & dans un grand dégoût.

On ne peut sauver les malades, & arrêter
les progrès de cette maladie, qu'en renouvellant l'air, en le rafraîchissant, & en le rendant
plus sec par le moyen du feu, par la fumée
d'herbes odoriférantes, & même de toute espece de bois à brûler. La fumée n'a jamais fait
de mal à ces insectes.

La jaunisse est de tous les âges. Mais elle
est plus connue entre la troisieme & la quatrieme mues, parce que l'air des chambrées est
plus difficile à maintenir dans le degré de pureté convenable à la nature du Ver à soie.
C'est toujours par cet inconvénient que nous

nous laiſſons ſurprendre , & c'eſt le ſeul qui cauſe les plus grandes pertes.

Les muſcardins.

Cette maladie a les mêmes ſymptomes que la précédente , & paroît être produite par les mêmes cauſes. Elle ſe déclare après la derniere mue , & ſouvent la veille & à l'inſtant même de la montée des Vers , par des temps de touffeur , humide & orageux ; par des vents continués du *ſud* & de *l'oueſt.* Dans ces circonſtances fâcheuſes , & qui ne dépendent pas de nous, nous voyons tout à coup changer de face les chambrées , qui , juſques-là , annonçoient la plus belle récolte ; les Vers tombent dans un état de foibleſſe étonnant , leur peau devient molle & jaunâtre ; ils reſtent quelquefois pendant 4, 5 , 6 & 7 jours dans cette criſe , qui n'eſt terminée que par la mort. Ceux qui ſont nouvellement montés aux bruyeres , n'ont pas la force de s'y ſoutenir , & retombent. Beaucoup périſſent dans les cocons.

Dans ces triſtes événements, il faut avoir recours à tous les moyens poſſibles pour purifier l'air , & le rendre plus élaſtique. On doit employer les remedes qui paroiſſent propres à rétablir le jeu des liquides , à donner du ton aux fibres de nos inſectes , & à les rafraîchir. Rien de plus éprouvé , & dont l'effet ſoit plus conſtant que les bains d'eau la plus fraîche. Voici les moyens les plus ſimples de faire l'application de ce remede , qui ne peut produire

aucun

(313)

aucun mal dans quelque âge & dans quelque circonstance que ce puisse être, à l'exception des moments de mue.

Deux jours, ou trois au plus tard, après l'apparition des deux dernieres maladies, on délite les Vers ; on nettoie avec soin les tablettes, & on asperse les malades d'eau la plus fraîche ; il est également bon, & même plus prompt de les plonger dans un vase rempli d'eau, pendant une, deux ou trois minutes. (1) Après l'une de ces deux opérations, on réchauffe la chambre un peu fortement, & environ deux heures après, on donne aux malades un repas de feuille de *sauvageon* fraîche & propre ; ils reprennent l'appétit, leur peau blanchit, & cette couleur annonce leur guérison.

Réflexion constatée par l'expérience.

Après les définitions que j'ai données des deux dernieres maladies qui sont les plus communes & les plus à redouter, il est aisé d'appercevoir que l'une & l'autre portent le caractere distinctif de l'hydropisie. Elle peut être occasionnée par les causes que j'ai indiquées ; c'est le sentiment le plus général. Mais l'une &

---

(1) le Ver à soie peut rester au fond de l'eau pendant trois quarts d'heure, & même une heure, sans périr. En sortant, il paroît transi, & comme mort, mais, au plus tard, deux heures après, il se met à manger, & fait son cocon comme tous les Vers, qui n'ont essuyé aucune maladie.

X

l'autre de ces maladies , & particuliérement
la jauniſſe , qui marche toujours à pas lents ,
eſt cauſée, la plupart du temps, par la conſommation d'une feuille trop abondante en ſucs ,
telles que ſont toutes les feuilles greſſées , & par
des repas trop répétés , & donnés à profuſion
de cette eſpece de nourriture. Quand on voudra ſe donner la peine de faire des comparai-
ſons exactes , les réſultats prouveront ce que
j'avance.

Des Parfums.

L'uſage des parfums a de tout temps été preſcrit par les inſtructions qui traitent de l'éducation des Vers à ſoie ; il a paru même vraiſem-
blable que les parties volatiles, qui s'échappent
par l'incinération des herbes odoriférantes, &
de tous les corps qui contiennent des odeurs
ſuaves, ne peuvent qu'augmenter le reſſort de
l'air , en diviſer les parties les plus groſſieres ,
& rendre moins ſenſibles celles qui ſont putré-
fiées; mais on ne parvient pas au but qu'on ſe
propoſe , ſi en même temps on ne donne pas
un échappement à l'air corrompu , en le rem-
plaçant par un air nouveau.

Voici les parfums les plus à la mode , & les
plus recommandés par différents Auteurs.

1°. La fumée du vin, ou du vinaigre , dont
on arroſe des caillous rougis au feu.

2°. Sur un réchaud bien allumé , & dans
une poële ſeche ; on torréfie des herbes odoriférantes avec du lard ou des morceaux de

jambon, & on excite la fumée le plus qu'il est possible.

3°. Sur un réchaud garni de cendres chaudes, on place une bouteille de vinaigre, assaisonnée de quelques clous de girofle & de cannelle, qu'on fait évaporer lentement.

4°. De l'encens ou du benjoin, des pelures de pommes reinettes & un peu de jambon fricassé dans une poële seche, sur un feu ardent.

5°. Un peu de storax fin, ou commun, qu'on brûle sur un réchaud, au milieu de la chambre.

C'est ce dernier parfum auquel j'aurois le plus de foi dans des cas désespérés, & celui dont il m'a paru avoir éprouvé de bons effets dans les temps pesants, & à l'approche des orages, sur-tout quand les Vers sont à la *freze*, qu'ils paroissent s'affoiblir, & que le mauvais temps continue plusieurs jours.

Les Chinois se conduisent plus simplement, en échauffant leurs chambrées avec de la bouse de vache séchée au soleil. Ils prétendent que cette odeur est fort agréable aux Vers.

Je conseille de s'affranchir, autant qu'on le pourra, de l'assujettissement des parfums qui sont toujours d'une foible ressource ; ils seront inutiles quand on fera régner la propreté, & qu'on aura soin de ne pas concentrer les mauvaises exhalaisons, en renouvellant souvent l'air, c'est là le grand & unique secret.

Des soins nécessaires à la feuille.

On ne sauroit dire pourquoi la feuille mouillée & humide est nuisible, & même meurtriere pour les Vers à soie, dans l'éducation compliquée & surnaturelle, que nous leur donnons sous nos toits; au lieu qu'elle ne leur fait aucun mal, quand on les abandonne à la simple nature. Sans entamer des conjectures qui pourroient être fausses, bornons-nous à ce que nous apprend l'expérience, & soyons attentifs à ne donner aux Vers que des feuilles seches.

La propreté n'est pas moins essentielle, & les Cueilleurs, tant qu'ils sont employés à la récolte, doivent s'abstenir de fumer, de manger, & de toucher des odeurs fortes, telles que toutes les épiceries, l'ail, l'oignon & le safran, la chicorée sauvage, le fumier, &c. Ils doivent avoir les mains bien propres avant que de monter sur l'arbre, & ne se servir que de sacs bien lavés.

Il ne faut cueillir la feuille que quand elle n'est plus mouillée de la rosée; ne la pas trop presser dans les sacs, & l'étendre également dans les magasins où on la remue souvent, parce qu'elle fermente très-promptement.

Les magasins doivent être frais, bien balayés, à l'abri des ardeurs du soleil & des mauvaises odeurs. La méthode des claies d'osier que j'ai indiquée ci-devant, est excellente pour conserver la feuille dans toute sa fraîcheur

pendant trois à quatre jours, & pour la fécher, sans beaucoup de soin ; rien de plus a-
vantageux dans les temps de pluie.

Pour peu qu'on prévoie un changement de
temps, il ne faut pas héfiter de doubler les
bras, pour faire une provifion au moins de
vingt-quatre heures, & même du double, fi
vos magafins font bien aérés ; il est d'ailleurs
très-dangereux de faire monter fur des arbres
mouillés ; les Cueilleurs ne peuvent pas s'y
établir folidement, & les chûtes font plus fréquentes.

Quand on eft malheureufement furpris par
la pluie, fi l'effet de l'air ne fuffit pas, on fe
fert de draps chauffés ; dans lefquels on paffe
& on fecoue la feuille ; enfin, il ne faut pas
rifquer de la donner mouillée ; il vaut mieux
laiffer jeûner les Vers une demi-journée, &
même vingt-quatre heures ; ces animaux foutiennent fort aifément une pareille diete.

On doit feulement diminuer de quelque degré, la chaleur de la chambrée.

Je réveille encore ici la mémoire des nourriciers, fur l'imprudence qu'ils commettent,
en variant les efpeces de feuilles dans le cours
d'une nourriture ; c'est ce défaut de gouvernement, qui opere de fi grandes diminutions
dans nos récoltes, & l'expérience prouvera toujours que cette obfervation eft de la plus grande importance.

Des différentes manipulations de la filature.

L'art de filer la foie embraſſe une infinité de détails ſubordonnés les uns aux autres, d'où dépendent en général la beauté & la bonté de la ſoie, & toutes les connoiſſances en ce genre, ſont intéreſſantes. Si les ſoies de notre climat ne jouiſſent pas de cette réputation conſtante que donne la bonne qualité, c'eſt que la négligence s'empare de nos Filateurs, & qu'il n'y a point de réglements poſitifs ſur le bon ordre de cet objet, & très-peu de bonnes inſtructions publiques. Parcourons ces détails avec attention.

Quand on a dégagé les cocons de la bruyere, on les purge exactement de tout ce qu'il y a d'étranger, & du fleuret ſans gomme qui les enveloppe; on en fait en même temps le triage, & on ſépare avec attention les différentes qualités.

Il y en a pluſieurs indiquées par la vue & le tact : les cocons fins, les demi-fins, les ſatinés, les doubles, les veloutés, tous ceux qui ſont mal tiſſus, & ſans gomme, & les percés. (1)

Les cocons fins ſont d'un tiſſu fin & ſerré; ils contiennent très-peu de cette ſoie bourrue

---

(1) Les cocons d'une éducation bien dirigée, n'ont que 4 couches, & ceux qui ſont mal nourris en ont 6 & juſqu'à 8, d'une très-mauvaiſe qualité, & quelquefois de ſimples filaſſes, ſans force & bouchonneuſes.

qui fe développe la premiere dans la battue ; ils fe devident légérement, donnent une foie très-fine, & demandent l'eau prefque bouillante.

Les demi-fins font d'un grain plus groffier & plus lâche ; ils donnent beaucoup de fleuret avant que d'être bien purgés, & il leur faut une eau moins chaude.

Cette feconde qualité, tirée féparément & avec attention, rend une foie qui n'eft pas de beaucoup inférieure à la premiere, mais il y a une perte évidente pour les Filateurs, & pour l'Etat, fi on file ces deux efpeces enfemble.

1°. En donnant aux cocons mi-fins l'eau au même degré de chaleur qu'exigent les fins, la gomme des premiers fe trouve trop promptement diffoute, l'eau pénetre jufqu'à l'intérieur, & les coule à fond avant qu'ils foient entiérement dévidés, & il s'éleve beaucoup de bourrillons pendant le tirage.

2°. En mêlant les deux efpeces, on devide la foie nette du cocon fin, en purgeant les mifins qui ont beaucoup plus de fleuret. C'eft une perte fans reffource, & démontrée par le raifonnement & l'expérience.

Les cocons fatinés font ceux qui font doux au tact, & fans grain décidé; le tirage en eft difficile, & la foie en eft toujours vilaine & groffiere.

Les cocons doubles font formés par deu x ou trois vers renfermés enfemble; il n'eft pas poffible de tirer de ces cocons une foie qui foit propre à aucune fabrique d'étoffes; elle ne peut, tout au plus, servir qu'à monter des galons.

Les autres especes de cocons imparfaits ne font uniquement propres qu'à faire du fleuret.

Je dois placer ici une remarque importante & constante en faveur du Mûrier blanc sauvageon, c'est qu'une nourriture uniquement faite avec cette espece de feuille, donne des cocons dont le grain est extrêmement fin, & à peine y peut-on distinguer de ces cocons mi-fins, & d'un grain grossier, qui font toujours la principale partie, & quelquefois la totalité des récoltes produites par la feuille greffée. Or, tout le monde convient qu'un cocon fin, tel que je l'ai désigné, donne toujours une belle soie : donc l'arbre sauvageon a cet avantage sur les autres, & on n'en doit attendre que de telle matiere.

Au triage indispensable des cocons, succede le tirage de la soie qu'on doit exécuter le plus vivement qu'il est possible, avant que les papillons commencent à percer, on a communément 10 à 12 jours d'intervalle.

Il y a de l'avantage à filer les cocons frais. Ils se développent facilement jusqu'au dernier brin, la soie en est toujours plus nette & plus lustrée, & on ne risque pas les inconvéniens, trop ordinaires, des étouffemens forcés. Mais dans les grandes nourritures, ou dans ces filatures considérables, dont le travail est animé pendant plusieurs mois, on est obligé de faire périr l'infecte par des moyens violens.

Il y en a trois en usage. 1°. La chaleur du

four. 2°. Celle du bain de vapeur. 3°. Celle du soleil.

La premiere confiste à ranger des cocons bien purgés, dans des corbeilles ou dans des facs qu'on place dans un four, dont le degré de chaleur peut être fans rifque jufqu'au 80e. du thermometre. L'effai ordinaire eft de pouvoir tenir pendant quelques moments le bras nud dans le four, fans fe brûler.

Le four doit être bien nettoyé, fans cendres ni charbons allumés crainte d'accidents; on doit garnir les corbeilles deffous & deffus de papier blanc, pour effuyer le premier coup de feu. S'il étoit trop vif, il brûleroit au moins la premiere couche de la foie, feroit éclater le corps de l'animal, & le cocon feroit gâté.

Pendant l'opération, on prête l'oreille, on entend le remuement des chryfalides, & dès qu'il ceffe, l'étouffement eft cenfé être fini; on retire les cocons, on les enveloppe dans des couvertures de laine chaudes & on les tranf-porte dans un endroit frais; la chaleur ainfi concentrée, acheve de faire périr les animaux, qui auroient encore quelques principes de vie, & cette attention doit avoir généralement lieu après toutes les autres manieres d'étouffer les cocons.

La feconde méthode confiste à expofer à la vapeur de l'eau bouillante un tamis chargé de fept à huit livres de cocons, entrant jufte dans une chaudiere remplie d'eau aux trois quarts.

On rabat fur le tamis un couvercle, fermant

le plus hermétiquement qu'il est possible. Ce bain ne doit durer que cinq minutes pour les cocons simples, & sept pour les doubles, après quoi on les verse dans des corbeilles, qu'on étoupe soigneusement avec des couvertures. Au bout de cinq ou six heures on met les cocons sécher au grand air.

La troisieme façon d'étouffer les cocons, la moins dispendieuse & la moins dangereuse, est d'exposer les cocons à l'ardeur du soleil dans une place qui soit bien à l'aspect du midi. On les étend sur des draps, le plus au large qu'il est possible, & on les remue souvent. On les retire au bout de quatre à cinq heures, & on les enveloppe de couvertures. Il faut, pour plus de sûreté, réitérer cette opération pendant deux ou trois jours. Elle est malheureusement trop lente pour les grandes filatures ; mais je l'ai toujours pratiquée avec tout le succès possible, sur des quantités qui n'excedent pas huit ou dix quintaux de cocons.

La chaleur du four altere très-souvent la premiere couche du cocon, & endurcit trop la gomme. Celle de l'eau bouillante au contraire la dissout trop, & la premiere soie n'a pas de nerf, s'échappe en bouchons, & ne se trouve pas égale au reste du cocon. Le soleil seche le cocon sans l'endommager, & raréfie assez fortement l'air de l'intérieur, pour étouffer parfaitement les insectes, sur-tout quand cette opération est réitérée.

Après l'étouffement des cocons, il faut avoir grand soin de les tenir à l'abri de la dent des rats, dans un endroit propre, bien aéré, & fort au large. S'ils étoient entassés, ou pressés, ou renfermés, ils s'échaufferoient, l'humidité les gagneroit ensuite, ils tomberoient en bave, & la soie n'auroit ni force ni lustre.

Je suppose qu'on ait un tour à filer la soie dans les proportions que j'ai indiquées ci-devant, & qu'on fera usage de la double croisade de M. Vaucanson, sans laquelle, je le répete, il n'est pas possible de conserver à la soie toute la qualité qui lui est naturelle.

Sur le devant du tour, on établit un fourneau de briques proportionné à une bassine ovale de 7 à 8 pouces de profondeur, justement encadrée dans la partie supérieure de ce fourneau, de façon qu'il ne puisse s'en échapper ni fumée ni flamme.

Toute la manœuvre du tirage se fait par deux femmes, dont l'une est attachée à la bassine, qu'on nomme la *Tireuse*, & l'autre au devidoir, qu'on nomme la *Tourneuse*.

On échauffe l'eau jusqu'au degré convenable, qui, comme je l'ai dit, doit être relatif aux qualités des cocons. Il n'est pas possible de déterminer avec précision le degré de chaleur nécessaire à l'eau. J'ai remarqué des disproportions considérables, suivant les cocons, ou frais ou passés au four, ou au bain de vapeur, ou au soleil, ou suivant le plus ou le moins de gomme déjà dissoute dans l'eau ; ce ne peut être que l'expérience qui décide, & on juge que le degré de chaleur est à son

point, quand le cocon tourne légérement. S'il
s'éleve des bouchons, l'eau est trop chaude,
& la soie ne peut pas être belle; on y remédie
en versant promptement de l'eau froide dans
la bassine; si le fil casse, & que le cocon s'enleve, l'eau est trop froide il faut suspendre
un moment le tirage, pour lui donner le degré
de chaleur convenable.

On jette dans la bassine deux ou trois poignées de cocons, on les humecte en les ba-
lottant, & en les plongeant légérement dans
l'eau, par le moyen d'un balai de bruyere fine, taillée en forme de brosse à peigne; c'est
ce qui s'appelle faire la battue. Les fils de soie
s'attachent aux pointes du balai; la Tireuse
les prend dans sa main, ce n'est au commencement que du fleuret qu'elle épuise exactement
jusqu'à ce qu'elle voie paroître la soie nette.
Elle détache alors le nombre de brins qui lui
est désigné pour former le fil, elle les passe par
les filieres, elle les croise dix à douze fois avec
la main, si c'est à la simple croisade, elle la
remet ensuite à la Tourneuse, qui, après les
avoir passés par les guides, les attache sur
le devidoir, qui forme deux écheveaux à la fois,
& dont le mouvement doit être toujours égal,
& le plus vîte qu'il est possible.

Au tour à double croisade, les croisures
ne se font, par le moyen de la petite manivelle qui fait mouvoir le cercle, que quand
les deux fils sont fixés sur le devidoir.

La Tireuse doit avoir sous sa main une
écumoire pour enlever les Vers ou les dépouil-

les, qui furnagent ou qui vont à fond, &
qui embarraffent la baffine, elle doit changer
d'eau au moins trois fois par jour.

Une bonne Tireufe contribue beaucoup à
la beauté & à la bonne qualité de la foie. L'attention la plus effentielle eft de maintenir une
parfaite égalité dans les deux brins qui tirent
au devidoir. Ce n'eft pas le nombre des cocons qui en décide ; deux ou trois cocons,
fur leur fin, n'ont quelquefois pas la force
d'un neuf ; mais l'ouvriere ne peut pas fe méprendre, fi elle jette fouvent les yeux fur la
direction de la croifure, qui doit toujours
être au centre du tour ; mais fi elle décline,
elle annonce que le brin le plus fort va en-
traîner le foible, qui caffe enfin, & fe
réunit au plus fort dans le même guide, pour
ne plus former qu'un écheveau.

Sans des attentions continuées, les brins de
foie caffent fouvent, & c'eft toujours la faute
de la Tireufe ; ces accidents, qui dégradent
totalement un écheveau de foie, arrivent quand
les brins ne font pas noutris exactement ; quand
les cocons ne font pas bien purgés ; quand ils
ne font pas également humectés par la battue ;
quand il fe rencontre quelques mauvais cocons, ou doubles ou fatinés, ou pourris ou
percés ; quand le cocon eft près de fa fin, &
que le peu de foie qui refte, ou les peaux des
Vers qui nagent dans l'eau, s'enlevent & obf-
truent la filiere.

La netteté de la foie dépend également de
la Tireufe ; elle doit rompre le fil d'un cocon,

dès qu'elle s'apperçoit qu'il monte en bourre,
& le purger de nouveau jusqu'à ce que le
brin vienne net ; elle doit le mettre au rebut,
s'il ne peut pas se devider également.

La Tireuse n'est point responsable du vitrage, à moins qu'il ne provienne d'une eau trop sale
& trop chargée de gomme; car le vitrage, qui
est le grand fléau des filatures, ne paroît que
quand les fils de soie sont mal distribués sur
le devidoir, & qu'ils s'appliquent trop promptement les uns sur les autres dans toute leur
longueur; un tour bien proportionné évite totalement ce défaut, qui devient irréparable,
dès que les écheveaux en sont atteints; la gomme colle si fortement les brins ensemble, que
dans le devidage, la soie casse à tout instant,
ou elle s'écorche. On éprouve des déchets considérables, & on n'a que des soies très-im-
parfaites & incapables d'être montées en or-
ganfin.

Chaque tour doit être assorti au moins de
deu devidoirs qu'on emploie alternativement.
Moins les écheveaux sont épais, plus la soie
seche promptement. Il lui faudroit vingt-quatre heures de relais sur le devidoir : quand on
ne lui donne pas le temps de parvenir au dernier point de siccité, elle se crêpe & perd son
lustre.

Il faut, autant qu'on le peut, établir le tirage dans un endroit exposé à un courant d'air
du nord au midi.

La soie tirée des cocons par la simple opération du tour, est connue sous la dénomina-

tion générale de *soie grege* à laquelle on donne différentes préparations.

Secret éprouvé contre les ravages occasionnés par les rats & par les insectes qui percent les cocons.

Les filatures *montées sur le bon ton*, c'est-à-dire, celles qui accaparent les cocons, qui travaillent pendant 10 à 12 mois de l'année, & qui s'éloignent du vrai principe économique en portant leur exploitation au-delà de trois ou quatre mois après la récolte ; ces filatures sont nécessairement exposées aux déchets occasionnés par le ravage des rats, & de cette espece d'insecte si connu, & qui perce si artistement les cocons. Des expériences réitérées, que j'ai toujours faites avec succès, pour préserver des tapisseries des mêmes inconvénients, m'ont décidé à suivre à-peu-près les mêmes procédés pour sauver les cocons de ces ravages, si onéreux aux filateurs, & contre lesquels toutes les précautions ordinaires & embarrassantes peuvent échouer.

Procédé.

Prenez trois ou quatre pommes de coloquinte ; hachez-les, pilez-les, ou pulvérisez-les. Jettez-les dans un seau d'eau, d'environ douze pintes. Faites bouillir à grand bouillon pendant l'espace de deux heures. Cette quantité de lessive est plus que suffisante pour communiquer un très-grand degré d'amertume à un volume d'eau, cinq à six fois plus confidérable. Laiſſez refroidir entiérement ; jettez des cocons dans cette leſſive, remuez-les avec la main ou une ſpatule pendant deux à trois minutes ; étendez vos cocons au grand air, ou au ſoleil, pour les ſécher le plus promptement poſſible.

Pour vous convaincre de l'effet, prenez de ces cocons leſſivés, marquez-les avec un charbon, mêlangez ou entrelacez-les réguliérement avec des cocons ordinaires ; expoſez-les dans les places les plus fréquentées des rats. Faites la même opération ſur les tables les plus infectées des inſectes, & vous verrez qu'aucun des cocons préparés ne ſeront attaqués, & que les autres ſeront enlevés par les rats, & percés par les inſectes. Cette leſſive, qui n'eſt certainement pas diſpendieuſe, n'altere en aucune façon la qualité de la ſoie.

LETTRE XLV.

Sur la maniere de tirer la soie des cocons.

ON s'est servi, Monsieur, dans ce continent pendant plusieurs siecles de la soie, sans que l'on ait su précisément ce que ce pouvoit être ; on l'a d'abord prise pour la production d'un arbre ; d'autres l'ont regardée comme une sorte de coton plus fin que l'ordinaire ; quelques-uns l'ont même confondue avec le bissus, cette espece de lin si renommé pour avoir fourni des vêtements aux grands Prêtres des Juifs, à ceux des Indiens, d'Isis & au mauvais riche de l'Evangile. Ces différentes opinions ont subsisté jusqu'à ce que sur la foi de plusieurs voyageurs on se fut assuré que c'étoit l'ouvrage d'une chenille provenante des Indes & qui se nourrit sur le Mûrier blanc, aussi commun dans ce pays que les buissons en France. Ces chenilles forment naturellement sur cet arbre dans l'Inde & dans la Perse leurs cocons ; elles sont sauvages, nous les avons rendu chez nous domestiques, & leur soie en est infiniment supérieure. Les Persans sont les premiers qui nous ont appris la méthode de les élever & de les rassembler ensemble dans un même appartement. Ces peuples en vendoient anciennement bien cher les productions aux Romains,

X

ils en fournirent auſſi pendant très-long-temps
à tout l'Orient, ſans que tant de nations aient pu
découvrir ſon origine. Ce ne fut que dans le
temps de la guerre que l'Empereur Juſtinien
eut avec ces peuples, qu'on ſut que c'étoient
des inſectes qui travailloient la ſoie. Cet Empereur chercha à l'inſtant tous les moyens poſſibles pour introduire dans ſes Etats ces petits
animaux ſi précieux. Deux Moines ayant appris ſes volontés, s'offrirent d'en aller chercher
des œufs aux Indes, & à leur retour, quinze
mois après leur départ, ils en rapporterent, &
ils apprirent en même temps aux Romains,
la façon de les faire éclorre & de filer les cocons : c'eſt donc ainſi que les Vers à ſoie ſont
parvenus aux Romains, & delà chez nous.
Dans ma quarante & unieme lettre je vous ai
fait connoître la façon de les gouverner ; il
s'agit actuellement de vous apprendre la maniere de tirer la ſoie de leurs cocons.

Vous ſavez parfaitement, Monſieur, que
les cocons ſont couverts d'une eſpece de bourre
ou duvet cotonneux ; ſous cette bourre eſt
une petite quantité de ſoie imparfaite ; vient
enſuite la vraie ou belle ſoie, qui forme un
fi continu, enſorte que dès qu'on en a ſaiſi un
bout, tout ce qu'il y a de fil ſur un cocon ſe
devide comme du fil à coudre qui ſeroit ſur
un peloton ; mais quand le cocon a été percé
en tout ou en partie, cette ſoie y reſte par
petits bouts, il n'eſt plus poſſible pour lors
de la devider, on eſt abſolument obligé de la
retirer en bourre & de la corder. Lorſque

toutes ces substances sont enlevées, il s'en présente une autre qui est comme une espece de
parchemin formé par de la soie, dont les brins
se trouvent collés les uns aux autres par une
gomme sortie de l'animal ; on emporte cette
gomme & on en retire les brins de soie qui
sont pour lors comme une espece de bourre,
que l'on est obligé de carder & de filer. Il n'y
a, comme vous voyez, Monsieur, aucune partie du cocon qui ne puisse être de quelque utilité ; ce qui n'est pas vraie soie, propre à faire
de l'organsin, fournit différentes especes de fi-
loselles, dont les unes sont meilleures que les
autres. Voici actuellement la façon dont on
s'y prend pour devider les cocons ; on enleve d'abord la bourre ou filoselle de même
qu'une partie de la soie imparfaite ; cela fait,
une personne, qu'on nomme la Tireuse, remplit d'eau claire & bien nette une bassine placée sur un fourneau, & a grand soin d'y entretenir un feu convenable, ensorte que l'eau
s'y trouve toujours également chaude. Le degré pour les cocons fins est l'eau presque bouillante ; il faut qu'elle soit un peu moins chaude
pour les demi-fins, & encore moins pour les
satinés ; l'eau étant au degré convenable pour
la qualité des cocons, la Tireuse y en jette
deux ou trois poignées, & avec un balai de
bruyeres bien fines dont toutes les extrêmités
sont coupées, elle les enfonce légérement &
à plusieurs reprises : cette opération se nomme
faire la battue. Les cocons étant bien détrem-
pés, les brins de soie s'attachent aux pointes du

balai, la Tireuſe prend alors ces brins avec la main, elle les enleve juſqu'à ce qu'ils viennent bien nets & ſans aucun bouchon, & elle coupe tout ce qui n'eſt pas abſolument net : cette ſeconde opération ſe nomme *purger la ſoie.* Ces brins étant une fois purgés, la Tireuſe en prend quatre, cinq, ſix & même juſqu'à quinze, ſuivant la groſſeur de la ſoie qu'on veut faire, & elle les paſſe dans le trou d'une filiere, & pareille quantité dans une autre filiere ; tous les brins au ſortir des filieres ne forment plus que deux fils de ſoie. Il y a une ſeconde perſonne qu'on nomme Vireuſe ou Tourneuſe, dont l'occupation eſt de faire tourner le devidoir ou tour ſur lequel on devide cette ſoie. Je vais, Monſieur, vous donner ici la deſcription du tour de M. Larouviere, connu par ſes belles découvertes dans les arts & le commerce ; mais, avant que d'entrer dans le détail de ce tour, permettez-moi de vous faire obſerver qu'il faut faire le triage des cocons ſuivant leurs qualités avant que d'en tirer la ſoie ; on les diviſe communément en fins, en ſatinés, en doubles, en doubles fins, en pointus & en chiques : ces deux dernieres qualités de cocons doivent être filées enſemble. Les fins ſe filent de cinq à ſix, & ſont propres pour l'organſin ; les ſalinés de ſept à huit ; les doubles de dix à douze ; les doubles fins de huit à dix ; les pointus & chiques pareillement de huit à dix.

Le tour de M. Larouviere, dont il eſt actuellement queſtion, a été préſenté à l'Académie Royale des ſciences ; la deſ-

cription que je vais , Monſieur , vous en
donner , eſt extraite du rapport qui en a été
fait à cette Académie , le 9 Mai 1744 , par
MM. Camus & Hellot , Commiſſaires nommés
à cet effet. Le chaſſis , diſent ces célebres Aca-
démiciens , ſur lequel toutes les pieces de ce
tour ſont montées , a cinq pieds de long ſur
trois pieds quatre pouces de large. Deux haſpes ou devidoirs dont le diametre a près de
vingt pouces , & qui ont un axe commun , y
ſont placés ſur deux chevalets fixes , & à cet
axe eſt attachée fixement une poulie , qui a environ ſix pouces de diametre dans ſa rainure ;
elle eſt embraſſée par une corde à boyau , qui
embraſſe auſſi une grande roue de trois pieds
de diametre , à laquelle eſt adaptée la manivelle de la Tourneuſe ; ainſi ces haſpes font
environ ſix tours , pendant que cette roue n'en
fait qu'un. L'axe de la grande roue porte une
roue de bois taillée en étoile ou en molette
d'éperon , qui fait mouvoir une autre roue de
même grandeur auſſi de bois & taillée de même. L'arbre horizontal de cette ſeconde roue
en étoile , porte encore un petit rouet qui
engraine dans un rouet fixe à un arbre vertical , au haut duquel eſt un plateau ou ron-
delle , qui a ſon point excentrique placé à 2
pouces du centre de cet axe , faiſant mouvoir
un va & vient briſé , dont une regle eſt parallele à la longueur du chaſſis , & l'autre parallele à l'aiſſieu des haſpes ; ces deux regles
ſont aſſemblées par un équerre mobile ſur ſon
ſommet , & les extrêmités de ſes branches tien-

nent aux regles. La regle de ce va & vient
qui eſt parallele à l'axe de la haſpe , eſt garnie de deux griffes de verre , qui diſtribuent
fort également la ſoie ſur la haſpe en deux écheveaux , de quatre pouces de largeur. Un ſeul
tour de la grande roue fait faire trois allées &
venues à ce va & vient , enſorte qu'il faut
que la ſoie faſſe environ quatre tours & demi pour aller d'un bord de l'écheveau à l'autre. Deux griffes fixées à la tablette , qui ſont
les premieres , où la Tireuſe paſſe le fil de ſoie
compoſé de pluſieurs brins tirés des cocons ,
ſont élevées de ſeize pouces des griffes de verre
du va & vient ; c'eſt dans cet intervalle que
ſe fait la croiſure de la ſoie , & cette croiſure nous a paru exprimer aſſez bien l'eau
dont les brins ſont chargés en ſortant de la
baſſine. Des griffes du va & vient juſquau
centre de la haſpe , il y a une diſtance de trois
pieds quatre à cinq pouces ; mais cette diſtance nous a paru trop grande. L'axe auquel la
poulie eſt fixée , porte deux haſpes , comme
nous l'avons dit ; mais ils y ſont ajuſtés de telle
ſorte , que l'un des deux peut être arrêté &
tourné avec la main en ſens contraire , ſans
que le mouvement de l'autre haſpe ſoit in-
terrompu.

Le ſieur Larouviere, en mettant ces deux haſpes ſur le même axe , s'eſt propoſé de faire
travailler deux Tireuſes à une ſeule baſſine
ovale , & par conſéquent à un ſeul & même
feu , ce ſeroit une épargne. Cependant ſi le
lieu où ſe fait le tirage de la ſoie avec ce tour ,

n'eſt éclairé que d'un côté, l'une des deux
Tireuſes ſera placée à contre jour; il ſera néceſſaire auſſi que l'une des deux travaille à gauche, & ce ſera une habitude à acquérir pour
celles qui ſont dans l'uſage de ne travailler
que de la main droite.

Le premier tour qu'a inventé le ſieur Larouviere, étoit conſtruit différemment; nous
en parlerons inceſſamment. Quelques perſonnes qui l'avoient vu agir, ont cru que la ſoie
s'appliquoit trop-tôt ſur la haſpe en ſortant
de la baſſine, & qu'y arrivant encore chaude
& mouillée, elle devoit ſe coller, ce qui ſeroit un inconvénient conſidérable pour le devidage de ces écheveaux, qui ſe fait dans les
fabriques; il a cru éviter ce défaut en mettant
entre le va & vient & le centre de la haſpe,
une diſtance de trois pieds quatre à cinq pouces, qui eſt à peu près la diſtance preſcrite par
un réglement du Roi de Sardaigne pour les
tours qui ſont en uſage dans le Piémont;
mais dans ces tours la manivelle eſt fixée à
l'axe de la haſpe, & par conſéquent la ſoie
n'eſt pas tirée avec la même rapidité qu'elle
l'eſt par les haſpes des tours du ſieur Larouviere. Il nous a paru que cette diſtance de
trois pieds quatre à cinq pouces dont l'axe eſt
éloigné du va & vient, eſt trop grande au
moins d'un pied; la Soie s'y fatigue, ſelon
l'expreſſion de la Tireuſe, & ſe caſſe trop
ſouvent.

Nous ne croyons pas que ce ſoit un avantage de mettre ſur l'axe deux haſpes dont l'un

puisse être arrêté sans que l'autre le soit, parce qu'il y aura toujours perte de temps lorsque les fils d'une haspe viendront a se rompre. Chaque haspe demande une personne pour chercher le fil rompu & le donner à la Tireuse qui ne doit pas sortir de sa place ; si c'est la Tourneuse qui fait cette fonction, elle sera obligée d'abandonner la manivelle de sa roue, & les deux haspes seront arrêtées en même temps.

Le chassis du premier tour du sieur Larouviere, n'a que quatre pieds de long sur deux de large, il porte sur deux chevalets, deux haspes ou devidoirs dont les axes sont paralleles : le diametre de ces haspes n'a que quatorze pouces, ce qui donne des écheveaux trop courts ; mais il est aisé de corriger ce défaut. Une seule grande roue de trente-cinq pouces de diametre les fait mouvoir tous les deux par le moyen d'une corde à boyau & de deux poulies qui, mesurées du fond de leur rainure, ont quatre pouces de diametre ; par conséquent un seul tour de la grande roue fait faire environ neuf tours à ces deux haspes, dont l'un peut être arrêté & tourné en sens contraire, sans que l'autre cesse d'aller, comme dans le tour dont nous avons parlé ci-devant. Le même tour de la grande roue fait faire trois allées & venues au va & vient par le moyen d'engrenages de bois à peu près semblables à ceux du précédent, mais plus parfaits : il n'y a que treize pouces de distance des griffes de ce va & vient au centre de la haspe : la soie se distribue & s'applique fort également sur le

devidoir ; mais cette diftance pourra paroître
un peu trop petite ; il faut deux fourneaux,
deux baffines & deux Tireufes à ce tour, placées à chaque extrêmité de fon chaffis. Enfin
chaque hafpe de ce tour aura befoin, comme
celles du précédent, d'une perfonne qui en
ait foin.

Le fieur Larouviere ayant dit dans fon Mémoire que fon tour tiroit moitié plus de foie
que celui qui eft en ufage dans le Languedoc,
nous ne pouvions vérifier ce fait fans en faire
la comparaifon ; nous avons fu que S. A. S.
Mad. la Ducheffe du Maine avoit un de ces
tours ; cette princeffe a eu la bonté de per-
mettre qu'on en fit ufage. Dans ce tour la
manivelle eft fixée à l'axe de la hafpe, par conféquent on ne peut accélérer fon mouvement
que par la vîteffe du poignet. La hafpe a vingt
pouces de diametre, & de fon centre aux griffes du va & vient, il y a une diftance de deux
pieds dix pouces.

Le fieur Larouviere s'étant pourvu d'une
Tireufe habile, nous nous fommes rendus le
4 de ce mois au magafin Royal des marbres
où les trois tours ci-deffus décrits avoient été
portés ; nous avons demandé que la Tireufe
travaillât fur chacun pendant trente minutes,
ce qui a été exécuté par elle avec une adreffe
uniforme, enforte que nous ne nous fommes
point apperçus qu'elle ait voulu faire réuffir
l'un au défavantage de l'autre. Les trente minutes de travail fur chacun des tours étant
expirées, nous avons enfermé dans une bou-

ele de fil cachetée de notre cachet, un des deux échevaux dévidés fur chacune des hafpes des trois tours dont nous avons parlé, afin qu'on ne pût pas les changer en nous les apportant pour les pefer lorfqu'ils feroient parfaitement fecs.

Nous avons remarqué que, lorfque la Tireufe jetoit un brin fur le fil de foie compofé de fept à huit brins, la hafpe tournant, tiroit les cocons, ce brin prenoit ou s'attachoit d'abord & dans l'inftant au fil tiré par les hafpes des tours du fieur Larouviere, & étoit emporté rapidement fans fe féparer des autres à la croifure, & que, lorfqu'elle travailloit au tour du Languedoc, elle étoit fouvent obligée de jeter le même brin fur le fil jufqu'à trois ou quatre fois pour le faire prendre, encore arrivoit-il quelquefois qu'il fe féparoit, ou fe rebrouffoit à la croifure, ce qui eft un défaut notable dans ce tour & dans tous ceux qui font faits comme celui qui nous fervoit de comparaifon.

Le fieur Larouviere nous ayant apporté les trois échevaux par nous cachetés & dont les cachets fe font trouvés entiers, nous avons trouvé que l'écheveau devidé par le premier tour dans ce rapport, & dont les hafpes ont près de vingt pouces de diametre, pefoit cent trente grains; que l'écheveau devidé par l'autre tour dont les hafpes n'ont que quatorze pouces de diametre, pefoit quatre-vingt dixneuf grains: enfin que l'écheveau levé de deffus la hafpe du tour du Languedoc, ne pefoit que

quatre-vingt-treize grains, quoique le diametre de la haſpe ſoit de vingt pouces , comme
celui des haſpes du grand tour du ſieur Larouviere. La différence dans l'action de ces
tours comparés, eſt donc à-peu-près de moitié,
puiſqu'à diametre égal , nous ne la trouvons
que de cent trente à quatre-vingt-treize ; nous
la croyons aſſez grande pour que le tour propoſé mérite d'être préféré au tour ordinaire.
La ſoie que ce tour a tirée eſt unie & nerveuſe, quoique les cocons qui l'ont fournie fuſſent aſſez mal choiſis, le ſieur Larouviere n'en
ayant pas trouvé de meilleurs à Paris. Nous
ne pouvons porter de ce tour qu'un jugement
avantageux ; cependant pour éviter toute erreur , nous croyons qu'il conviendroit de l'en-
voyer en Languedoc , & d'engager Mr. l'Intendant de cette Province à y faire travailler
en ſa préſence pluſieurs Tireuſes , afin de ſa-
voir ſi elles n'y trouvent pas quelques défauts
que la longue habitude à tirer les ſoies pourroit
peut-être leur faire reconnoître , & que nous
n'avions pas apperçus,

L'expérience en a été faite , Monſieur, dans
cette Province , & les tours du ſieur Larouviere y ont été comparés avec celui du pays ;
celui de Mr. de Vaucanſon & deux autres ; &,
ſuivant le rapport qui en a été dreſſé, & qui
m'a été paſſé ſous les yeux, le tour de M. La-
rouvier a été reconnu être de beaucoup ſupé-
rieur aux autres tours. On s'en eſt même ſervi
depuis ce temps en pluſieurs endroits du Languedoc ; il a auſſi été fort approuvé à Aix & à

Avignon, suivant les lettres que l'Auteur m'a
communiquées. Vous ne pouvez donc, Monsieur, mieux faire que de vous servir d'un
pareil tour pour devider la soie de vos cocons ; c'est en cette vue & pour vous y engager que j'ai pris la liberté de vous transcrire
tout au long le rapport de Mrs. Camus & Hellot. Par la lecture de ce rapport vous pour-
rez mieux vous décider. M. Larouviere vient
encore de le perfectionner.

Monsieur de Buffet, Inspecteur des soieries
en Languedoc, s'explique ainsi à l'occasion
de ce tour perfectionné, dans une de ses lettres en date du 30 Août de l'année derniere,
adressée à Mr. le Marquis de Montferrier. Ce
tour, dit-il, est très-bon pour les qualités de
soie que M. Larouviere fait tirer pour sa Fabrique de bas, même pour les trames de ces
étoffes, en ce que tournant sur un seul axe,
il est bien plus léger que les autres qui tournent sur deux ; d'où il résulte qu'on peut le
faire tourner beaucoup plus vîte, non seulement par sa légéreté, mais encore par ce que
son mouvement est multiplié par la grande
circonférence de la poulie motrice ; ensorte
qu'un enfant peut tourner ce tour avec facilité. L'engrainage qui fait mouvoir le va &
vient qui distribue la soie pour la formation
des écheveaux, est également bien imaginé.
N'ayant pu compter les dents de l'engrainage,
je ne sais pas si elles sont au nombre qu'il faut
pour que la soie ne vitre pas ; mais dans le
cas qu'il y manquât quelque chose à cet

égard, il seroit facile d'y subſtituer d'autres étoi-
les plus ou moins grandes. Un pareil témoi-
gnage doit néceſſairement vous faire naître ,
M. l'envie de connoître plus particuliérement
ce tour : il ne dépendra pas de moi de vous en
donner à la ſuite une deſcription plus étendue,
ſi jamais l'occaſion s'en préſente.

J'ai l'honneur d'être,

Monſieur ,

Votre très-humble & très-obéiſſant
ſerviteur, B U C'H O Z , D. Méd.

Le 7 Novembre 1769.

Paris, rue des Cordeliers , hôtel de Xaintonge.

PRÉPARATIONS

DES SOIES

PAR LE MOULINAGE.

Les soies auxquelles on n'a donné aucune préparation, que celle du tirage des cocons, se nomment *soies greges*. On les subdivise en-suite en plusieurs qualités, relativement à l'em-ploi & au genre d'étoffe auquel on les destine. Les principales sont *l'organsin, la trame, le poil, le filet d'or*, dont nous allons passer en revue les différents apprêts.

l'Organsin.

L'organsin n'est autre chose qu'une corde de soie, composée de plusieurs brins de soie grege. C'est l'espece la plus précieuse, celle qui demande le plus de main d'œuvre, & celle qui sert de chaîne à nos plus belles étoffes, c'est celle qui fatigue le plus sur le métier, par les différents frottements qu'elle éprouve dans le méchanisme de la fabrication, & elle doit par conséquent réunir beaucoup de perfec-tions, tant dans les fils qui la composent, que dans leur ensemble. Il y en a deux absolument essentielles. La netteté, & une égalité de tension dans les différents brins.

Malgré l'attention des *Tireuses* les plus habiles, il échappe toujours dans le tirage des parties grossieres & bouchonneuses, qui dégraderoient la beauté des étoffes, si on n'avoit l'attention d'en purger les soies dans les opérations du devidage & du doublage, en les faisant passer des mains des *Devideuses* dans celles des *Doubleuses* ; opérations sûres, mais d'une longueur étonnante & dispendieuse, uniquement adoptées des Piémontois, & prescrites par leurs réglements, qui défendent tout doublage, par le moyen d'aucune machine, qu'ils ont regardé jusqu'à-présent comme très-insuffisant pour purger totalement les soies. Le génie François a franchi les bornes de ce préjugé, & est parvenu, par des opérations méchaniques, à purger nos soies, au moins avec autant de précision que les Piémontois.

L'élasticité & la force de *l'organsin* dépendent d'une tension parfaitement égale dans les différents brins, qui nécessairement casseroient ou s'écorcheroient à la premiere extension qu'on leur donneroit sur le métier, d'où naîtroient des irrégularités & des défauts irréparables dans les étoffes.

Depuis le cocon jusqu'au dernier degré de perfection, *l'organsin* exige six opérations, qui consistent, 1°. A tirer la soie des cocons, & à la distribuer en écheveaux sur des *guindres*. 2°. A devider les écheveaux sur des *bobines*. 3°. A donner à cette soie devidée, un pre-

ſieé tors par le mouvement d'un moulin. 4°.
A donner de la ſolidité à ce premier apprêt,
en expoſant la ſoie à la vapeur d'une leſſive.
Cette opération ſe nomme *la brève*. 5°. A doubler, ou tripler, ou quadrupler, & purger
cette ſoie ramollie. 6°. A donner ſur un autre
moulin le dernier tors, ou le ſecond apprêt.

PREMIERE OPE'RATION.

Tirage des cocons.

Ce ſont les cocons du grain le plus fin qui
donnent la ſoie la plus aiſée à développer, la
plus nette, la plus fine & la plus nerveuſe ;
c'eſt pourquoi l'on ne peut trop mettre de préciſion à filer cette eſpece ſéparément, d'un brin
plus fin, qui pourra être employée à la fabrication de *l'organſin*. On doit être content, s'il
ſe trouve dans une récolte un tiers de cocons
de cette premiere qualité, c'eſt à-peu-près la
même proportion de conſommation pour nos
étoffes.

DEUXIEME OPE'RATION.

Devidage des écheveaux ſur des bobines.

Le devidage des ſoies s'exécute de deux façons, ou à la main, ou par machine.

Le devidage à la main ſe fait en étendant
l'écheveau de ſoie ſur deux palettes de bois,
placées verticalement chacune ſur ſon pied,
& l'on peut écarter à diſcrétion l'écheveau.

La

La Devideuſe en prend le premier brin, qu'elle fait paſſer ſur un crochet, fixé à l'extrêmité d'un levier mobile, que l'on appelle *ſigogne*. Elle enveloppe ce brin autour d'une bobine, traverſée d'un arbre en fer, armé d'une roue qui lui ſert de volant pour lui prolonger le mouvement, & que la Devideuſe fait tourner avec une grande vîteſſe, en gliſſant la paume de la main ſur la broche de fer, qui ſert d'axe à la bobine & au volant.

Le devidage à la machine ſe fait, en plaçant chaque écheveau de ſoie ſur un des devidoirs, qui ſont rangés de file, & en ligne droite, au bas & le long des deux côtés d'une table, & qui correſpondent à autant de bobines. Le mouvement d'un premier moteur, placé à l'une des extrêmités de la table, eſt communiqué aux bobines par celui que reçoivent autant de petites roues fixées ſur un même arbre, qui parcourt la longueur des côtés de la table.

L'attention de l'ouvriere conſiſte à renouer les bouts caſſés, & à purger la ſoie de ce qu'on appelle *vole*, qui eſt un brin trop foible & inégal, échappé du tirage des cocons, ſouvent par la mal-adreſſe & la négligence des Fileuſes.

TROISIEME OPE'RATION.

Donner à la ſoie devidée le premier tors, ou premier apprêt.

Les bobines ou *roquelles*, chargées de ſoie dans le devidage, ſont placées verticalement

Z

chacune sur un des fuseaux du moulin du premier apprêt, qui leur communique un premier tors, qui se fait de gauche à droite, tandis que la soie s'enveloppe sur d'autres bobines enfilées de six en six par des baguettes, posées horizontalement entre chacun des montants du moulin. Ces baguettes sont mises en mouvement par le premier moteur, & tournent extrêmement plus lentement, que les fuseaux qui donnent le premier tors à la soie.

Ce premier tors est tel que le moulinier juge à propos de le déterminer, comme de douze grains ou de douze tours du fuseau filant, pour chaque pouce de longueur de soie, qui s'enveloppe sur la bobine horizontale, à mesure qu'elle se développe de la bobine verticale du fuseau.

QUATRIEME OPE'RATION.

Fixer le premier apprêt, en exposant la soie à la vapeur d'une lessive, ce qu'on appelle donner la BREVE.

On arrange sur un tamis ou un crible bien clair, les bobines du premier apprêt, qu'on place sur une chaudiere du même diametre, à demi pleine d'une lessive bouillante faite avec de la cendre, une demi-livre de savon, & un quart d'huile d'olive.

Cette opération amollit la gomme de la soie, & le degré de tors se trouve fixé par cette espece de dissolution, & le refroidissement qu fuit ce bain de vapeurs. Sans cette précaution, indiquée par la nature même de la soie, le brin se recoquilleroit, ne se prêteroit pas à une tension égale, & le dernier apprêt seroit imparfait.

CINQUIEME OPE'RATION.

Doubler les soies ainsi préparées, à deux, trois ou quatre bouts.

Le doublage se fait de deux façons, à la main & à la machine.

Le doublage à la main s'exécute simplement, en développant les brins simples de dessus deux, trois ou quatre bobines, sur une autre que la doubleuse fait tourner à la main comme dans le premier devidage de la soie, avec l'attention de purger exactement les brins de toutes ordures, à mesure qu'elle les sent passer entre ses doigts. C'est une opération du tact, qui ne demande que l'habitude pour la bien faire.

La machine à doubler est faite, à peu près, comme celle du devidage; avec cette différence, qu'au lieu de devidoirs, on pose les bobines fixes, & verticalement sur une table longue.

SIXIEME ET DERNIERE OPE'RATION.

Donner à cette soie doublée le dernier tors, ou le second apprêt.

Le moulin du dernier apprêt diffère du premier, 1°. En ce qu'il se meut & fait tourner

les fuseaux en sens contraire. 2°. En ce que
la soie est double, ou triple, ou quadruple
sur les bobines dont les fuseaux sont garnis.
3°. En ce que la soie ne s'enveloppe pas sur
d'autres bobines, mais sur des *guindres* qui
doivent avoir 44 pouces de circonférence, &
sur lesquels la soie doit être répartie par un
va & vient. & 4°. En ce que les fuseaux tournent beaucoup moins vîte pour ce dernier apprêt , que pour le premier.

La proportion ordinaire d'un premier apprêt au second, est comme 5 est à 4, c'est-à-
dire, que l'on donne 5 grains de tors pour
le premier , & 4 pour le second. Les Fabricants qui savent que la beauté & la force
d'un organsin dépendent beaucoup de la façon du premier apprêt, disent, avec raison,
que la proportion de 6 ou 7 à quatre, seroit
la plus avantageuse pour les fabriques, & la
seule à suivre. Cet excédent de premier apprêt
consommeroit plus de temps, & ne tourneroit
pas au profit des Mouliniers; il en est peu,
qui par honneur, fassent ce sacrifice; c'est donc
aux Fabricants à proportionner le prix en conséquence, & à se rendre assez connoisseurs en
ce genre, pour bien juger l'ouvrage des Mouliniers.

La trame.

La *trame* n'est autre chose que deux brins
de soie purgés le plus exactement qu'il est possible, en les doublant ensemble, & qui ne
sont point tordus séparément ; on ne leur

donne, par une seule opération, qu'un foible degré de tors depuis 4 jusqu'à 12 grains par pouce de longueur de soie. C'est le Fabricant qui doit prescrire au Moulinier le degré de tors de la *trame* suivant l'emploi auquel il la destine

Le poil.

On appelle *poil* un simple brin de soie bien purgé & bien égal, foiblement tordu sur lui-même. Cette préparation est nécessaire pour donner plus de consistance à cette qualité de soie, & afin que la teinture ne la rende pas bouchonneuse. L'emploi du poil est défendu dans toutes les étoffes de soie; cette qualité n'est employée que dans la bonneterie.

Le filet d'or.

Le filet d'or est composé de plusieurs brins doublés & tordus fortement ensemble, sans avoir eu de premier apprêt. On n'emploie pour cette espece, que les soies les plus grossieres & de basse qualité. La consommation s'en fait particuliérement dans les fabriques de galons or & argent.

Fleuret ou bourre de soie.

La soie que le Ver jette au hasard avant que de commencer son cocon; celle qui s'attache au balai dans les bassines; tous les cocons altérés qui ne peuvent pas être filés par le tour;

les reftes de cocons dont on ne peut rattraper le fil dans les battues ; les dernieres peaux qui fervent d'enveloppe *aux chryfalides*, les cocons noyés, & ceux de graines, font les matieres dont on fait les fleurets. C'eft une efpece de déchet inévitable dans les tirages, & qui quelquefois fait un objet de vingt pour cent.

On tire encore un parti honnête de ces matieres de rebut, en les ramaffant avec foin, & en leur donnant les préparations convenables.

On peut faire quatre claffes de ces déchets. 1°. Les foies qu'on enleve par le balai, qu'on nomme *ftraces*. 2°. Les cocons de graine, & ceux qui n'ont filé qu'en partie, ou point du tout. 3°. Les reftes & dernieres pellicules des cocons. 4°. La bourre on *bourrette* jetée au hafard au tour du cocon.

Préparations des ftraces.

Il faut blanchir & décrufer le mieux qu'il eft poffible, cette efpece de foie ; & pour y parvenir avec économie, on met tremper les *ftraces* pendant 4, 5 & 6 jours dans une belle eau, que l'on chauffe foiblement, fi l'on veut. On change l'eau, tous les jours, en frottant fortement ces matieres avec la main. Delà on les porte à la riviere pour les laver à fond. Cette premiere leffive enleve la pouffiere & d'autres mal-propretés, & fait diffoudre une partie de la gomme : pour donner à ces foies le degré de blancheur dont elles font fufceptibles, on les *décrufe* à fond par une leffive de cendres paſſées au tamis, à laquelle on ajoute environ une livre ou deux de ſavon blanc, s'il eſt poſſible, pour dix livres de *ſtraces*. On entretient, pendant une douzaine d'heures, cette leſſive dans une chaleur douce, en remuant & retournant ſouvent la ſoie; enſuite on donne un bouillon violent d'une heure; après quoi on retire les ſoies, on les frotte fortement avec la main, on les trempe toutes chaudes dans de l'eau froide, & on les lave à fond dans une eau courante, la plus propre.

On met ſécher ces ſoies à l'ombre étendues proprement ſur des cordes ou ſur des draps. Cette préparation, d'où la ſoie doit ſortir bien blanche, donne un déchet aſſez conſtamment de 25 pour 100.

Si l'on veut donner plus de brillant à ces ſoies, & les mieux diſpoſer à recevoir les teintures, faites diſſoudre pour les dix livres, dans une eau chaude, environ trois onces d'alun, & une once d'arſenic. Faites bouillir, & écumez bien net; laiſſez refroidir l'eau avant que d'y mettre la ſoie, qui ne prendroit aucun luſtre, ſi elle étoit trop chaude. On laiſſe la ſoie dans ce bain, environ douze heures. On la rafraîchit, en ſortant par l'eau froide; on la lave, on la tord, & on la laiſſe ſécher.

Ces ſoies, ainſi préparées, ſont cardées avec des cardes faites exprès pour cette eſpece de fabrique. Elles n'éprouvent preſque pas de déchets par cette opération, & on en tire des ſoies de trois qualités. Une partie très-fine, & preſque ſans bouchons; deux parties mi-fines

un peu plus bouchonneuses, & une partie d'é-
toupes, qui contient tous les bouchons, & qui
se vend & s'emploie pour de *l'ouate*.

La premiere & la seconde qualités se filent
au rouet, mais la premiere se travaille beaucoup plus facilement, & d'un brin très-fin, dont
on fabrique des bas & des étoffes assez bonnes,
mais sans lustre. (1)

Cocons des graines & ceux qui n'ont pas pu être filés.

Si l'on veut tirer la soie de ces cocons dans
sa plus grande beauté, il faut les ouvrir, &
en ôter les *chrysalides*, les peaux & toutes les
ordures qui peuvent s'y trouver. On les prépare ensuite exactement de la même façon &
avec les mêmes attentions que les *straces*. Mais
on tire beaucoup plus *de fin* des cocons, cette
soie peut être filée plus belle, & le brin en
est plus nerveux.

Restes & dernieres pellicules des cocons.

Cette derniere espece de matiere est, sans
contredit, moins précieuse que les deux premieres, ; elle n'est cependant pas à négliger.

---

(1) Nos voisins qui savent filer avec tant d'économie, achetent en France beaucoup de ces matieres de
rebut, les filent très-bien, & nous les revendent fort
cher. C'est un commerce que nous nous laissons enlever
mal-à-propos.

Dans les petits tirages, on pouſſe l'économie & la patience, juſqu'à la nettoyer en détail & avec attention, & on en tire de très-belle ſoie; mais cette opération deviendroit trop longue & trop diſpendieuſe dans les grands tirages. On ſe contente de lever une fois ou deux par jour ces rebuts de baſſine. On leur donne pendant une heure ou deux un bain violent d'eau bouillante, en les remuant ſouvent avec des ſpatules: on les bat enſuite fortement avec des battoirs, & on les lave dans une eau courante; on les ſeche au ſoleil; & à la fin du tirage, on leſſive & on apprête toutes ces matieres par les mêmes procédés que nous avons indiqués. On en tire un quart de fin, autant de mi-fin, & le reſte en étoupe groſſiere, mais dont on fait encore uſage.

Bourrette, ou filaments de ſoie jetés au hazard autour des cocons.

En *déramant* & en *débourrant* les cocons, on ſépare cette eſpece de ſoie qui paroît imparfaite, & communément beaucoup chargée de mal-propretés, & de brins de bruyere. On la purge à la main le mieux qu'il eſt poſſible, & on la carde ſans apprêt. On en tire d'aſſez bonne ſoie, qu'on file à crud, & qu'on décruſe enſuite. Cet objet eſt ordinairement peu important; il coûte auſſi très-peu à ramaſſer.

MÉTHODE

Pour teindre la soie en plusieurs nuances de rouge vif de cochenille, & autres couleurs.

PAR M. MACQUER, de l'Académie Royale des sciences.

Composition du mordant.

LA réussite de ces nouvelles couleurs, dépend de la composition & de l'application d'un mordant qui se fait de la maniere suivante.

On suppose qu'on veuille teindre six livres de soie, en quelque nuance de rouge, suivant la nouvelle méthode, il faut pour cela faire une eau régale composée de quatre livres d'eau forte ordinaire, & de deux livres de bon esprit de sel.

D'une autre part, on fera fondre dans une cuiller de fer, trois livres d'étain fin de *Melac*, & on le coulera dans l'eau pour le grenailler, c'est-à-dire, pour le réduire en parties menues & minces : on mettra l'eau régale dans un pot de grès; on jettera dedans une petite portion, c'est-à-dire, environ une once de la grenaille d'étain : on laissera cet étain se dissoudre entiérement de lui-même à froid. Quand cette premiere portion sera dissoute en entier, ou du moins qu'il n'en restera presque plus, on jettera dans le pot une portion d'étain, moitié moindre que la premiere, c'est à-dire, une demi-

once feulement : on laiffera de même diffoudre cette feconde portion, après quoi on mettra une nouvelle demi-once, & on continuera
ainfi de mettre fon étain par demi-once, obfervant toujours de n'en point ajouter jufqu'à ce
que la précédente foit entièrement diffoute, &
on continuera ainfi, jufqu'à ce qu'on ait fait
diffoudre fes trois livres d'étain.

Enfuite on affoiblira cette liqueur en y mêlant fix pintes ou douze livres d'eau de riviere
bien claire, & le mordant fera préparé.

Couleur de cerife en cochenille.

Si l'on veut teindre les fix livres de foie en
couleur de cerife de cochenille, on mettra le
mordant préparé comme il vient d'être dit,
dans un grand vaiffeau de grès fort évafé,
comme par exemple une grande terrine. On
prendra une ou plufieurs *pantines* ou *mateaux*
de foie, fuivant leur groffeur, & on les paffera dans le mordant, jufqu'à ce que la foie
foit bien également imbibée & pénétrée dans
toutes fes parties, ce qui ne demande que
fort peu de temps ; on tordra cette foie,
à la main au deffus de la terrine, le plus fort
qu'on pourra, pour ne perdre du mordant que
le moins qu'il fera poffible : on paffera ainfi
dans le mordant les fix livres de foie, après
quoi on ira les laver à la riviere ou dans de
l'eau de riviere claire & repofée, fi la riviere
eft trouble ; mais on obfervera de ne point
leur donner de *batture*, & on fe contentera
de les tordre à la main à plufieurs reprifes,
jufqu'à ce que l'eau qui en fortira ne foit plus
trouble & blanchâtre.

Pendant ce temps-là on préparera un bain de cochenille, où l'on fera bouillir, pendant une bonne demi-heure, quatre onces de cochenille pour chaque livre de foie, c'eſt-à-dire, une livre & demie pour la partie des ſix livres, avec une demi-livre de tartre blanc en poudre pour le tout.

Après cela on achevera d'emplir la chaudiere avec de l'eau froide, & même ſi le bain étoit encore aſſez chaud pour qu'on ne pût y endurer la main, on le laiſſeroit refroidir juſqu'à ce degré. On y paſſera & *liſera* enſuite la foie ſur les bâtons pour la bien unir, comme on fait pour toutes les couleurs. Quand elle ſera bien unie, on réchauffera le bain par degrés, pendant l'eſpace d'environ une heure, juſqu'à ce qu'il ſoit prêt à bouillir ; on ſoutiendra cette chaleur pour achever d'emplir la couleur, enfin on fera prendre un bouillon au bain pendant une minute, après quoi on levera la foie & on ira la laver à la riviere.

Couleur de feu fin, ponceau ou écarlate en cochenille.

L'opération pour faire cette couleur, eſt entiérement la même que celle que l'on vient de décrire pour le ceriſe : la ſeule différence qu'il y ait, c'eſt que lorſque l'on veut faire un couleur de feu, il faut, avant que de paſſer la foie dans le mordant, commencer par lui donner un *pied de raucou*, comme celui qu'on donne pour le ponceau fin ordinaire ; du reſte on doit employer les mêmes manœuvres, &

avoir les mêmes attentions que pour le cerise dont on vient de donner le procédé.

REMARQUES.

On fent bien que, fi l'on avoit une plus grande ou une moindre quantité de foie à teindre, il faudroit augmenter ou diminuer la quantité de tous les ingrédients dont on a befoin pour cette couleur; mais en obfervant toujours les proportions refpectives de ces mêmes ingrédients.

On peut cependant s'en écarter jufqu'à un certain point, fuivant les circonftances ; par exemple, fi les acides dont on fait l'eau régale, font forts & concentrés, il eft bon d'augmenter la quantité d'étain qu'on y fait diffoudre, comme d'une once ou d'une once & demie par chaque livre d'eau régale, fuivant la force des acides parce qu'en général plus le mordant contient d'étain, plus la couleur devient belle & pleine.

Par la même raifon, fi les acides de l'eau régale étoient foibles & aqueux, il conviendroit de ne mêler à la diffolution d'étain, après qu'elle feroit faite, qu'une partie & demie d'eau ; & même partie égale feulement s'ils étoient très-aqueux, comme on en trouve quelquefois chez les diftillateurs.

L'opération qu'on fait pour donner le mordant à la foie n'affoiblit que fort peu le même mordant ; elle en diminue feulement la quantité à proportion de ce qui en demeure dans la foie après qu'elle a été tordue : mais ce qui refte du mordant après qu'on y a paffé la foie, conferve encore de la vertu & peut fervir à mprégner de nouvelle foie ; on doit donc le conferver pour s'en fervir une autre fois ou le mêler avec de nouveau mordant quand on fera dans le cas d'en faire.

Quoique ce mordant puiffe fe garder affez long-temps fans fe gâter, il eft bon néanmoins de n'en faire à la fois qu'à peu-près la quantité dont on prévoit qu'on aura befoin, parce qu'à la longue il laiffe dépofer une partie de fon étain, fur-tout après qu'il a été affoibli par le double de fon poids d'eau.

Une attention qu'il faut encore avoir, eft de ne pas garder long-temps la foie avant que de la teindre, après qu'elle a reçu le mordant, parce qu'à la longue, les acides pourroient en altérer la qualité : il eft à propos par cette raifon de laver la foie peu de temps après qu'elle a reçu le mordant, & de la teindre dans la même journée.

La pureté de l'eau eft très-effentielle pour la réuffite de ces couleurs ; c'eft pourquoi fi l'on n'en avoit point de telle pour faire les lavages, tant du mordant que de la foie teinte, il faudroit, comme on l'a dit, la laiffer éclaircir par le repos ; & même le plus fûr, fur-tout pour laver la foie après qu'elle eft teinte, & de faire diffoudre une once ou deux de crême de tartre dans chaque *barque* d'eau où l'on doit faire ce lavage.

Comme il faut que le bain foit bien nourri de cochenille pour la beauté de ces couleurs, & qu'elles ne demandent pas à y bouillir affez long-temps pour le tirer en entier, le bain n'étant pas entiérement épuifé de couleurs après qu'elles

font faites, peut fervir, foit à une nuance plus
pâle, comme le couleur de rofe, foit pour faire un beau cramoifi fin, en y teignant de la
foie alunée à l'ordinaire, pour chaque livre
de laquelle on ajouteroit dans ce même bain,
une once ou une once & demie de nouvelle
cochenille, fuivant la plénitude qu'on voudroit
donner à ce cramoifi.

Couleur en bois de brefil.

Pour faire ces couleurs, il faut donner le
mordant à la foie, comme fi on vouloit la teindre en cerife ou en écarlate de cochenille, &
enfuite la teindre dans un bain de bois de brefil
tel qu'on l'emploie pour les rouges ordinaires
qu'on fait avec ce bois, excepté cependant qu'il
n'y faut point employer d'eau de puits, mais
de bonne eau de riviere.

Lorfqu'on n'a donné aucun pied de jaune à
la foie, elle tire de ce bain un couleur de
cerife un peu moins rofé que celui de la cochenille, une efpece de nacarat affez beau.

Si l'on veut faire un couleur de feu ou ponceau, avec cette teinture, il faut, avant que de
mettre la foie dans le mordant, commencer
par lui en donner un pied de *raucou*, mais
un peu moins fort que pour les écarlates de
cochenille.

REMARQUES.

Les couleurs qu'on peut faire avec le bois
debrefil, par le moyen du nouveau mordant,
font, à la vérité, inférieures en beauté & en folidité à celles que fournit la cochenille; mais
elles ne laiffent pas que d'être très-belles, &

de furpaffer beaucoup en éclat celles que fournit le bois de brefil fur la foie fimplement a-
lunée à l'ordinaire : elles l'emportent auffi en
folidité fur ces dernieres ; car non feulement
elles fe foutiennent beaucoup plus long-temps
à l'air, mais encore elles réfiftent très-bien à
l'épreuve du vinaigre. On peut au moyen de
cette propriété donner à la foie teinte en ces
couleurs de bois de brefil, le même *cri* ou *ma-
niement* qu'à celle qui eft teinte en cramoifi
fin, ou en ponceau fin ; il fuffit pour cela de
mettre dans le bain environ une demi-once de
noix de galle blanche pour chaque livre de
foie ; de plus, ces nouvelles couleurs de bois
de brefil font d'une réuffite encore plus affurée
que celles à la cochenille, & n'exigent pas
autant de précautions fur la pureté de l'eau :
tous ces avantages réunis à la médiocrité du
prix de la teinture de bois de brefil qui ne
coûte prefque rien en comparaifon de la cochenille, femblent promettre que ces nouveaux
rouges en bois de brefil feront utiles & qu'on
pourra les employer, peut-être même avec plus
de fuccès que les rouges de cochenille.

Enfin, pour derniere remarque, on obfervera que la teinture de bois d'Inde fe tire auffi
plus belle & plus folide par le nouveau mordant que par l'alun, & qu'en fe conformant aux
manipulations qu'exige ce mordant & dont on
a parlé à l'occafion des autres couleurs, on en
peut faire des violets qui ne font pas fans
mérite.

TABLE

TABLE

De

Fin de la Table.